王文博 主编

服装污渍
及去渍技术

第二版

化学工业出版社
·北京·

内容简介

本书系统地阐述了服装污渍的形成理论和去除技术。主要内容包括：绪论、服装污垢与污渍、去渍技术概论、去渍剂及其使用、去渍设备和工具、去渍技法与禁忌、油性污渍及其去除、颜色污渍及其去除和服装污渍去除实例。

本书内容丰富，理论与实际联系紧密，适合服装、洗衣服务从业员工和技术人员阅读和应用，也可作为有关培训教材。

图书在版编目（CIP）数据

服装污渍及去渍技术/ 王文博主编. —2 版. —北京：
化学工业出版社，2022.1

ISBN 978-7-122-40277-6

Ⅰ. ①服… Ⅱ. ①王… Ⅲ. ①服装-洗涤 Ⅳ. ①TS973.1

中国版本图书馆 CIP 数据核字（2021）第 242680 号

责任编辑：张　彦　　　　　　　　　　　加工编辑：邓　金　师明远
责任校对：边　涛　　　　　　　　　　　装帧设计：刘丽华

出版发行：化学工业出版社（北京市东城区青年湖南街 13 号　邮政编码 100011）
印　　装：三河市延风印装有限公司
710mm×1000mm　1/16　印张 6¾　字数 122 千字　　2022 年 7 月北京第 2 版第 1 次印刷

购书咨询：010-64518888　　　　　　　　售后服务：010-64518899
网　　址：http://www.cip.com.cn
凡购买本书，如有缺损质量问题，本社销售中心负责调换。

定　　价：59.00 元　　　　　　　　　　　版权所有　违者必究

服装洗净服务业是一种历史悠久且不断出新的行业。人类自从穿着服装以来，就非常注重服装的穿着质量和整洁美观，从而出现了服装去渍与洗净技术和设备。随着社会的发展，服装去渍与洗净走向市场，逐渐形成了一种行业；同时，随着科学技术和人类生活方式的现代化，人们对服装质量和品位的追求越来越高，促进现代服装去渍与洗净技术不断创新和机械设备不断更新。随着人类生活方式城市化和服装去渍与洗净社会化步伐的加快，服装洗净服务业的数量和规模明显增大。服装洗净服务业的迅速发展，为现代人的生活带来了方便，但是相关投诉也逐年增加。因此，提高服装去渍与洗净的质量，就成为服装洗净服务业应当着重解决的问题了。

改革开放以来，人们的生活质量有了大幅度的提高，服装的面料、里料、饰物和附件品种越来越多，更加彰显个性、异彩纷呈，这给服装去渍与洗净技术提出了新的挑战。同时，现代服装去渍与洗净技术和设备有了很大发展，从人工逐步发展到机械化；从水洗技术到干洗技术，现代又出现了湿洗技术。现代服装的清洗技术和设备，与传统相比，具有更高的科技含量，需要从业人员掌握相关知识，能熟练地掌握技术并操作设备。这一切，就要求对从业人员进行针对性地专业培训，提高他们的技术与服务水平。为此，我们编写了本书。

在编写过程中，我们借鉴和参考了相关著作、经验和研究成果，在此向有关专家表示深切的感谢！

本书由北京服装学院王文博教授主编，参加编写的还有姚云、刘姚姚、贾云萍、陈明艳、杨九瑞、张弘、张继红、管正美等。

由于编者水平有限，书中难免有疏漏之处，敬请各位专家与读者不吝批评指正。

王文博

2022.5.28

目录

绪　论

第一章
服装污垢与污渍

第一节　服装污垢及其性质 ………………………………………… 005

第二节　服装污垢的分类 …………………………………………… 007

第三节　服装污垢的形成与结合方式 ……………………………… 009

第四节　服装污垢的成分 …………………………………………… 012

第五节　服装污垢的识别与判断 …………………………………… 012

第六节　顽固的污垢——污渍（渍迹） …………………………… 015

第七节　服装上污渍的分布 ………………………………………… 018

第二章
去渍技术概论

第一节　去渍的原理、模式和方法 ………………………………… 021

第二节　去渍的程序和流程 ………………………………………… 023

第三节　去渍的原则与注意事项 …………………………………… 025

第三章
去渍剂及其使用

第一节　去渍剂 ……………………………………………………… 027

第二节　常用的进口去渍剂 ………………………………………… 031

第三节　去渍剂的属性及使用 ……………………………………… 035

第四章

去渍设备和工具

第一节　去渍设备 ……………………………………… 039
第二节　去渍工具 ……………………………………… 042

第五章

去渍技法与禁忌

第一节　去渍技法 ……………………………………… 046
第二节　去渍禁忌 ……………………………………… 047

第六章

油性污渍及其去除

第一节　油性污渍概述 ………………………………… 049
第二节　油性污渍的去除 ……………………………… 052

第七章

颜色污渍及其去除

第一节　颜色污渍概述 ………………………………… 056
第二节　颜色污渍的去除 ……………………………… 059

第八章

服装污渍去除实例

第一节　人体分泌物污渍及其去除实例 ……………… 068
第二节　菜肴汤汁类食物污渍及其去除实例 ………… 071
第三节　饮料、酒水类污渍及其去除实例 …………… 076

第四节　水果、蔬菜、食品类污渍及其去除实例 …………………………… 079

第五节　化妆品、药物类污渍及其去除实例 ………………………………… 083

第六节　文具、日常用品类污渍及其去除实例 ……………………………… 087

第七节　油漆、涂料类污渍及其去除实例 …………………………………… 093

第八节　其他类污渍及其去除实例 …………………………………………… 095

参考文献

绪 论

　　服装与人类有着独特的关系。人类和动物最本质的区别就是人类能思维，能创造。服装，就是人类的一种创造。着装是人类的一种独特的生活方式。自有人类以来，人类在生活领域里出于多种目的，总是有意识地想方设法用服装（自身身体以外的材料）来包裹和装饰自己的躯体。服装通过人体穿着，构成了其绝妙的状态，显现其物质性和精神性，亦即其服用性和美感性。但是，服装经过一定时期的穿用，在多种因素（外在、自身）的影响和作用下，其这两方面的属性会发生变化，使其污染、变形、陈旧。为使受污染而陈旧的服装恢复其原有的属性，即"旧貌换新颜"，并延长其使用寿命，人类创造了服装去渍、洗涤和熨烫的技术。

一、服装的服用性和美感性

　　服装是由材料、造型、色彩三大要素组成的。人通过着装，构成了各种生活形态。从人与服装的关系的视角来看，服装既是人类赖以生存而创造的一种物质条件，又是人类作为"社会人"生存所必须依赖的精神表现要素之一。服装的这种基本属性，源于人类生理要求的物质性（服用性）和心理要求的精神性（美感性）两个方面。

　　服装的服用性（物质性）是服装创造的基础，具体表现为它的实用性和科学性。实用，是人类赋予服装存在的依据。人类不断地改善服装的设计、制作，创造新的服装，或者通过去渍、洗涤、熨烫，使服装"推陈复新"，正是由于服装的这种实用性。"实用"，可以有广义和狭义的理解：广义上的"实用"，可以理解为"适应"或"顺应"，即对于自然环境和社会环境的适应；狭义上的"实用"，则表现为服装的各种机能性，如保温性、透气性、散热性、耐磨性、耐洗涤性、耐熨烫性，便于人体活动等。

　　服装的美感性（精神性）包括装饰性和象征性。装饰性，属于一种造型艺术的艺术性；象征性，则体现民族性、社会性，以及人的某种个性。

服装的装饰性源于服用者的本能、自觉的求美心理，也来自他人的审美信息。马克思曾经指出，人类总是按照美的规律来创造。服装起源的装饰说认为，服装的创造正是源于人类求美的本能。

服装是一种造型艺术，有其特有的特点。从空间的视角观之，它是一种立体感很强的艺术；从时间的视角观之，它又是一种活动的艺术。它是以视觉来感知、接受和赏识的一种视觉艺术；它是一种无声的音乐、活动的雕塑。服装的这种综合艺术的特点，可以给人以综合美的享受。服装的设计、制作体现其综合艺术性，服装的洗涤、熨烫、重新整理，也应当延续这个特点。

服装的象征性，体现着人的性别、职业、社会地位、经济状况、文化修养和品位、个性等特点。每个人对服装的选择，都自觉不自觉地表现出对服装这种特性的认知。当然，服装的洗涤、熨烫、重新整理也不能背离象征性这个特性。

二、人类着装的目的

人类着装的目的，是服装产生、存在和发展的基础，大致可分为人类对于自然环境的适应和对于社会环境的适应两大类。前者，是出于个体的生存、保护之需要。通过着装，人类可以应对外界的气候以及物象所给予人体的诸作用，保护人体，使人类的生活、活动更有效率。实际上着装就是出于人类经营生活的需要，是出于人体生理的需求。后者，是人体在人类的生活群体中，以显示个性、社会礼仪、维持社会秩序等为目的。可以说，着装有一种文化的使命。

着装目的从最初的需要开始，逐渐展开，其类别也被分化和增强，如果把现代的人类着装目的细分一下，可以表示为以下 6 个方面：

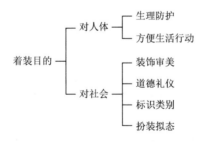

1. 讲究生理卫生的目的

这种着装目的可细分为两个不同方向：对人体生理机能的辅助和防止外伤的身体保护。

前者是对应于外界的寒、暑、风、雨等气候变化，补充人体生理机能的缺陷，使人的身体保持舒适的状态而穿用服装；后者是在实际生活中，应对来自外界物象的危害，如与天然物、器物接触而被伤害，来自火灾、辐射热的伤害，被昆虫及其他生物刺伤或咬伤，等等，为了保护身体而穿用各种保护用服装。

出于该目的而穿用的服装有：防寒服、防暑服、防雨服、防风服、防高温作业服及其他各种工作服、运动服、战斗服，以及日常生活中用于防伤、防火、防热、遮光、防尘、防毒、防弹等的护身工具。

这类服装是根据需要自然产生的，具有必然性的特点。无论是形态还是材质、色彩，都要求这类服装具有很强的服用功能性。

2. 方便生活行动的目的

人类生活分为劳作和休息两种生活形态，前者为动的生活形态，如工作、劳动、娱乐、体育运动等；后者为相对静的生活形态，如家居、修养、疗养等。

这类服装有：各种工作服、办公服、运动服、登山服、游泳服、潜水服、宇宙服等活动性衣服和家庭便装、睡衣、病号衣等修养性衣服。其特色是对应于各种目的，有很强的实用性，其形态、构成以及穿着都要求轻快、能动。

3. 装饰审美的目的

在社会生活中，以表现个人的兴趣、性格、审美意识，或对他人显示自身特点、引起他人的注意为目的而穿用的服装。

这类服装包括所有具有装饰性的服饰和在实用的基础上增加不同程度美化和装饰的日常生活服。这类服装是基于个人的主观要求被选择采用的，没有什么制约，因而能够按照人们的欲求而发展。

4. 道德礼仪的目的

在社会生活中，为了达到人与人之间亲密、和睦的交流，以及显示品格、表示敬意、端正风度仪表等目的，选用适合于各种场合的服饰。

这类服装除了访问服、社交服、礼仪服等以外，现在的日常服、外出服也有这种目的。其特点为：受各自所处的社会、民族、地域等特定的社会环境和风俗习惯的制约，不允许人们按照自己的意志、欲求随便穿用。这类服装具有社会性、伦理性的特点。

5. 标识类别的目的

在社会生活中，为了标识地位、身份、权威或显示阶级、职务、作用和行动的特殊服饰。在文明社会中，为了维持社会秩序，表示服用者的所属、职业、阶层、任务和行动，常以特定的服饰来明确地加以区分。

这类服装有各种团体服、职业服、制服，除特殊服装外，衣服上的肩章、臂章、徽章、饰带等饰品和附属品也可标识类别。这类服装具有依靠所设定的特征来标识的机能，具有统一、典型的特点，不允许个人自由选择，必须按照各自的规定来穿着，故这类服装具有权威性的同时，又具有一定的束缚性。

6. 扮装拟态的目的

利用服装的标识类别作用，用另外一种服装使人感觉服用者像另外的人。如演员通过扮装表示剧中人、侦探化装、祭祀活动中的假装，以及战士的隐蔽伪装等。舞台服装、假装用服装、伪装服等都属于这类服装。这类服装的特点是，利用服装具有表现服用者的内容的作用，暗示服用者的所属，具有一定蒙蔽机能。

三、服装去渍与熨烫

服装在其生产过程和穿着、使用过程中，会受到来自人体皮肤分泌物和排泄物、自然界的尘埃和污浊气体、动植物和矿物中的物质、工业原材料和化工产品、生活用品等多方面的污染，在服装上形成各种污渍，包括固体性污渍、油脂性污渍、水溶性污渍等。这些污渍既影响服装的物质性，又损害服装的美感性。服装受到各种污染后，衣料和服装的性能及机能都可能发生改变，不但影响人的着装形象、品位，还会影响服装的寿命。因此，必须对遭受污染的服装采取去渍、洗涤措施，彻底清除污渍，使其清洁，恢复衣料应具有（或原有）的性能。图 0-1 所示为服装、衣料的性能关系。

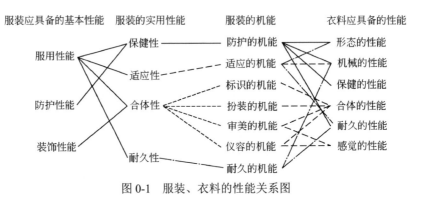

图 0-1　服装、衣料的性能关系图

在去渍、洗涤过程中，服装受各种因素（如机械作用、热作用等）的作用和影响，会继续发生变形。经过水洗的服装，受水的作用，纤维会发生膨胀；经过干洗的服装，在烘干过程中也会减弱服装原有的定形效果。因此，在完成服装的去渍、洗涤以后，需要对服装重新进行整形处理，也就是对服装进行熨烫，以使经过去渍、洗涤、熨烫整理后的服装恢复原有的属性和功能，达到服装的物质性和精神性两个方面的要求。

第一章

服装污垢与污渍

　　污垢泛指积在人身上或物体上的脏东西，在本书专指积在服装上的脏东西。本章主要阐述服装污垢的概念、性质和分类。

　　服装及各种纺织品在人穿用的过程中，难免会沾上污垢，形成污渍。如果不清洗，不但影响服装及各种纺织品的外观，而且会影响它们的弹性、透气性、保暖性，并降低服装的牢固度和寿命。污渍分解还会产生损害人体的成分，并为细菌及微生物提供繁殖的条件，危害人体健康。有些污渍可通过洗涤去除，但有些污渍经洗涤并不能去除，甚至有些污渍在干洗、水洗及烘干过程中会变得更加顽固，如墨渍、化妆品渍等。在服装洗涤之前通过局部去渍，可省去水洗，直接干洗，或减轻机洗（水洗）的负担，避免重复洗涤。因此，在服装洗涤之前，去渍是极其重要的工序。

第一节　服装污垢及其性质

一、服装污垢的概念

　　什么是"污垢"？什么东西可以称为"污垢"？似乎人人都知道，都能分辨。但是又很难使用简单而准确的语言，给"污垢"下一个明确的定义。

　　譬如一件新衣服或者干干净净的衣服，穿着一段时间以后由于人体自身和外部等原因有些脏了，就说这件衣服沾染上污垢了，需要洗涤干净。言外之意，就是穿脏了的衣服上面沾染了"污垢"。

　　宴席间，各种珍馐美味，琳琅满目。中国有一句古训曰："食不厌精，脍不厌细。"所以，中餐桌上的各种美味佳肴色、香、味、形俱佳，装在盘中的是佳肴美味，食人腹中的是享受与营养。然而，一旦沾染在衣服上，这些美味佳肴就变成了污垢。珍馐美味与污垢之间仅仅就差那么一点点。

每个人身体里无一例外流淌着维系生命必需的血液，而且人人对血液极其珍视，但是一旦血液流出体外，谁也不会把它珍藏起来，如果滴在衣服上，反而视之为污垢，唯恐弃之不及。

珍贵的东西尚且如此，其他的东西更无例外。无论什么物质沾到服装上，都会因为破坏服装的和谐美而变成污垢。那么，怎么认识污垢呢？可以从如下三个方面来界定服装上的污垢。

① 任何物质（珍贵的、美妙的、肮脏的、废弃的、可知的或不可知的）都有可能成为服装污垢。

② 某种东西（哪怕原来是珍贵的、美妙的）之所以成为污垢，是因为其所处的位置发生了差错，当沾染到服装上破坏了服装美，就成为污垢。

③ 一件洁净的衣服上，除了它自身以外，任何从外界（包括人体）转移或沾染的东西都是污垢。

简言之，服装污垢就是积在或者沾染在服装上的破坏服装美的物质，即服装上的污染物或脏东西。

二、服装污垢的性质

任何物质都可能成为污垢，那么污垢就可能具有非常不确定的特性，但是抽样检测表明90%以上的污垢都是偏酸性的，如油脂、脂肪酸、氨基酸、蛋白质、乳酸、果酸、鞣酸等。人体的各种分泌物和排泄物大部分也都是偏酸性的，而一些原来不是酸性的有机物在细菌或霉菌的作用下，也会在腐败变质的过程中变成酸性的。只有少数污垢是偏碱性的。古今中外，人们所使用的洗涤剂都是偏碱性的，这一点也从旁印证了大多数污垢是偏酸性的；在现代合成洗涤剂出现以前，人们甚至直接使用碱类物质洗涤服装，这也能说明服装上的污垢是以偏酸性为主的；至今一些不够发达地区的人们仍然使用矿物碱或植物碱来洗涤服装。所以，污垢的基本特性是偏酸性的。

三、服装污垢的复杂性

由于任何物质都可能成为污垢，因此污垢必然具有复杂性，对于污垢的复杂性可以从以下几个方面进行分析。

① 无论何种物质一旦成为污垢，就会被人们摈弃和不屑一顾，只有对污垢进行洗涤或去除之后，人们才会认真面对污垢，研究污垢和重视污垢。

② 由于所有的物质都可能成为污垢，服装上的污垢就可能包含各种各样的成

分；再加上各种成分结合方式的不同以及不同污垢之间的相互作用，因此不同个体服装上的污垢必然千差万别，甚至使原来比较简单的污垢变得复杂起来。

③ 污垢在形成以后由于受到气候、环境的影响还会与其他物质发生接触或反应，因此也可能在细菌和微生物的作用下腐败变质，甚至产生新的不可知的物质。

综上所述，污垢是复杂的，沾染在服装上的污垢具有复杂性。

第二节　服装污垢的分类

一、按照污垢的来源分类

服装污垢可能来源于人体、生活环境和工业化产品等，详见表 1-1。

表 1-1　服装污垢的可能来源

污垢来源	具体来源
源于人体的污垢	人体在新陈代谢过程中不断地向外界排出废物，除了二氧化碳和水分以外，还有汗水、皮脂、泪水、鼻涕、唾液、口水、痰液、粪便、尿液、乳汁、男人或女人的性腺分泌物，细菌与病毒载体，等等；生病或受伤后还有可能排出血液、淋巴液、脓液、呕吐物等。人体的排出物和分泌物至少有十余种。人们在穿用服装时，这些排出物与分泌物就会通过排遗、洒落、接触、摩擦等方式转移到服装上。因此，人体排出物是服装上的主要污垢，尤其是内衣上的主要污垢
源于生活环境的污垢	人类的生活环境中存在着大量污垢，通过人类生活起居的各种活动会接触或沾染这些污垢，如大气飘尘、花粉、纤维绒毛、菜肴汤汁、各种食品、水果、蔬菜以及文化用品、化妆品、药品等。它们不可避免地会沾染到人们的服装上，这类污垢主要存在于外衣类的服装上
源于工业化产品的污垢	不同的人群由于生活地区不同、职业不同或从事特定工作的环境不同，从而会沾染一些特定的污垢。其最主要的特点是这些污垢都是具有行业特点的工业化产品的污垢，如金属油泥、油漆、沥青、树脂、药剂、胶黏剂、化学品等。这类污垢在某些人身上可能经常出现，而在其他一些人身上可能永远不会出现，如从事机械加工和修理工作人员的服装上容易沾上金属粉末和矿物油；从事写作和绘画人员的服装上容易沾墨水、染料、涂料、圆珠笔油等。人使用化妆品时，服装上容易沾上唇膏、指甲油、洗发水或染发液等

二、按照污垢的形态分类

服装污垢按照其形态，可以分为干性污垢、湿性污垢、硬性污垢和色性污垢等，详见表 1-2。

表 1-2　服装污垢的形态

服装污垢形态	具体形态
干性污垢	干性污垢残留在服装上表现为干燥的污垢，有的在服装表面附着，有的可能大部分或部分已经渗透到面料内部。这类污垢多半是由糖类、盐类、泥土、纤毛或其他粉末、颗粒类污垢单独或混合形成的。较大量的、颗粒粗糙的这类污垢很容易洗涤干净，细微的、渗透性的这类污垢则不容易使用简单方法彻底洗涤干净
湿性污垢	刚刚沾染的污垢有许多是湿性污垢，其表面呈湿润状态，表现为具有比较柔软的手感，个别的还会有黏软的感觉。这类污垢显得特别明显，而且颜色反差大，轮廓界限清晰，洗衣店能够看到的这类污垢较少。湿性污垢多半含有油脂、糖类、蛋白质、浓缩的水果汁等，或某些食品污垢、化妆品污垢等
硬性污垢	硬性污垢会在服装的表面形成硬性的污垢斑痕，有明显的轮廓区域。这些污垢表面上会有一些残留，而大部分是渗入纺织品内部的。它们多半是油漆、沥青、蜡质物质、胶质物质或树脂、涂料等形成的
色性污垢	色性污垢是由各种染料、颜料或动物性、植物性天然色素所致，在服装上出现的机会非常多。色性污垢多数是由菜肴汤汁、食品、化妆品等污垢形成的，或是由于洗涤不当服装掉色造成的颜色沾染污垢。这类污垢经过常规洗涤后仍然不能有效去除，往往一旦形成，大多数会成为顽固的污垢，最后从色性污垢变成色性渍迹

三、按照污垢的基本属性分类

以污垢的基本属性进行分类是洗衣业最常用的分类方法，从某种角度看这种分类方法最具有洗衣业的实用意义。根据这一分类方法能够准确选择服装的正确洗涤方法，详见表 1-3。

表 1-3　按照污垢的基本属性进行分类

污垢基本属性	具体基本属性
水溶性污垢	这类污垢是水溶性的液体或半固体，多来自食品中的糖类、盐类等。 ① 可以在水中溶解的污垢：污垢溶于水，与水混合成胶体溶液，如汁渍、糖渍、汗渍、血渍、奶渍等；血液和牛奶是蛋白质，不完全溶于水，而是分散于水中；血渍、奶渍如果被加热，就会变性凝固，故须避免用热水洗涤； ② 在水中可以通过使用洗涤剂洗掉的污垢，如盐类、糖类；水果、蔬菜、饮料、化妆品的大部分成分；人体分泌物的大部分成分等
油溶性污垢（溶剂型污垢）	这类污垢是油溶性的液体或半固体，多为动、植物油脂，以及脂肪酸醇和矿物油，如植物油、化妆品和机油等，还有些来自空气中的煤烟、汽车排出的废气等。它们对服装的黏附较牢固，不溶于水而溶于有机溶剂及洗涤剂。 ① 油脂性污垢：以油脂为代表的各种不能直接溶于水的，而很可能溶于某些有机溶剂的污垢； ② 不能溶于水，但能够通过表面活性剂的乳化作用可以在水中被洗掉的污垢，如各种动、植物油脂、人体皮脂、矿物油、油漆、胶质物质、树脂；食品、菜肴、日用品，以及部分人体分泌物等
固体颗粒污垢（不溶性污垢）	这类污垢主要有空气中的灰尘、沙土、铁粉、炭粉、煤烟及纤毛；颗粒很小，一般不单独存在，而往往与油、水混在一起黏附在服装上。它既不溶于水又不溶于有机溶剂，但可以被肥皂和洗涤剂等中的表面活性剂吸附、分散，从而悬浮在水中或其他液体中。 ① 不能溶于水也不能在有机溶剂中溶解的颗粒性污垢； ② 以矿物性粉尘、金属细屑、动植物纤毛以及花粉等为主要成分的污垢，如泥土、灰尘、花粉、物体碎屑、纤维绒毛、金属粉末、颜料、涂料等

以上所述的污垢，往往不是单独存在的，它们相互结合成一个复合体。随着时间的延长，复合体受到外界条件的影响，易氧化分解产生更复杂的化合污垢，就更难去除了。应根据污垢的内容、服装的结构、服装的材料等特征进行服装的去渍，从而达到去渍和保护服装的目的。

第三节　服装污垢的形成与结合方式

一、服装污垢的形成方式

服装污垢的形成方式，具体有三种：承接、洒落与堆积；通过接触与摩擦沾染；通过某些介质沾染或吸附，详见表1-4。

表1-4　污垢的形成方式

污垢的形成方式	具体形成
承接、洒落与堆积的污垢	服装从环境中承接的飘尘、纤毛；由环境中的不良气体造成的服装纤维颜色改变；生活中洒落的食物、药品等；工作中使用的文具、用具、物料等造成的污垢
通过接触与摩擦沾染的污垢	通过接触、摩擦沾染的一些污垢，如家庭、办公室、车间、公共场合的各种物品造成的沾染污垢；人群中人体之间接触、摩擦等造成的沾染污垢
通过某些介质沾染或吸附的污垢	在服装使用、洗涤、储存等过程中通过空气、水、油脂以及有机溶剂等沾染或吸附的一些污垢

二、服装沾污的途径

服装沾污的途径多种多样，可以归纳为三类，即直接接触式、非接触式和静电吸附式。

（1）直接接触式沾污　主要指固体与固体或液体与固体的接触沾污，即物体表面附有固态或液态的污粒，服装与之接触而沾上污垢；或污粒悬浮、溶解在水中及其他液体中，而水或其他液体与服装接触而使服装沾污。其接触方式有冲击、压、摩擦、浸渍等，如在服装生产过程中沾染机油，以及穿用服装时衣领口、袖口等的沾污等。

（2）非接触式沾污　由于气流的运动带动了各种尘埃，这些尘埃会随着气流运动的减弱在一定位置落下来，以各种方式落压在服装上，故灰尘在服装水平面上的沉积比垂直面上多，如肩部、口袋折缝等处。

（3）静电吸附式沾污　服装在穿用过程中会有一定的摩擦，当纤维吸湿性小，空气又干燥时，因摩擦产生的静电荷及因此产生的静电场便与污粒发生静电吸附。据有关研究，带正电荷的纤维最易吸尘，负电荷吸尘次之，零电位吸尘最少，其吸尘比例为：正电：负电：零电位=7：5.6：1。各纤维静电电位从正至负的顺序为：羊毛、锦纶、黏胶、棉、蚕丝、醋酸纤维、维纶、涤纶、腈纶、氯纶、丙纶。吸湿性较好的棉、毛、麻、丝，黏胶制作的服装几乎不存在静电吸尘现象。

三、服装污垢的结合方式

污垢的结合方式包括：物理性结合、化学反应性结合、带电粒子型结合和混合型结合，详见表1-5。

表 1-5　服装污垢的结合方式

结合方式	具体结合
物理性结合	大多数污垢往往都是通过洒落、接触、摩擦等方式沾染到服装上的，使服装由洁净变肮脏。这时污垢与服装产生物理性结合。这类污垢较容易洗净，也是人们泛指的污垢的主体
化学反应性结合	少数污垢属于这种类型。一些酸类、碱类物质以及药剂等在与服装接触时与其上的纤维、染料或纺织品后整理剂等发生了化学反应，从而生成极其顽固的污垢。这类污垢往往需要使用氧化剂或还原剂等，使污垢变成新的反应生成物，最后通过洗涤才可能脱离服装
带电粒子型结合	大多数服装都会带有不同的电荷，环境中存在着大量带电粒子。带电粒子的吸引作用使外界的物质吸附或沾染到服装上。这类污垢往往是细微的，其中大多数可以忽略不计；而在一些特殊情况下由此生成的污垢就成为明显的污垢，而且很可能成为顽固的污渍
混合型结合	上述三种污垢的结合方式很少是单独存在的，常常是由不同结合方式的污垢互相混合在一起，成为混合型结合

四、服装污垢的形成机理

在一般情况下，任何物体间都存在着吸引力，吸引力有大有小。污垢与服装接触后会吸附在上面，服装污垢的形成机理有机械性吸附、物理结合和化学结合。

1. 机械性吸附

机械性吸附是污垢与服装结合方式中较简单的一种方式，主要是指随空气飘浮的尘土、微粒散落在织物空隙凹陷部位、服装折裥处、拼接的凸片边缘、纱线间的空隙等地方，吸附，不掉落的情况。

这种附着作用与服装材料的组织结构、密度、厚度、表面处理、染色及后处理有关，即稀疏面料（其表面凹凸明显）或有绒毛者污粒吸附多；紧密面料不易积尘沾污，但污粒洗落也较难。对付这种类型的污垢，可以通过洗涤过程中的水流冲击力、材料间的摩擦力等机械性方法把污垢的机械性吸附破坏，从而使污垢从服装上脱落，达到去污的目的。但此法对于洗涤 1μm 以下的污垢粒子有一定的难度。图 1-1 所示为放大后的污垢在服装材料上的状态示意图。

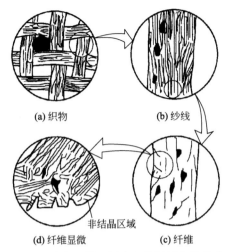

(a) 织物　　　　　　　　(b) 纱线

非结晶区域

(d) 纤维显微　　　　　　(c) 纤维

图 1-1　放大后的污垢在服装材料上的状态

2. 物理结合

分子之间存在的相互作用力是服装沾污的主要原因，如源于人体的油脂，其污粒借助分子间作用力而附着于纤维上，且易渗透入纤维内部。另外，污垢颗粒常常带有电荷，当与带有相反电荷的服装材料接触时，相互之间的黏附就更为强烈了，这种形式对于化学纤维更为明显。化纤织物由于摩擦常带有一定的电荷，很容易吸附带相反电荷的污垢。水中常有微量多价金属离子，如钙、镁、铁、铝等离子，带负电荷的纤维通过钙离子、镁离子与带正电荷的污垢强烈作用形成多价阳离子桥（图 1-2），去除这种污垢需一定的洗涤剂。

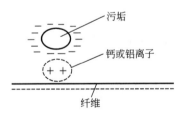

污垢

钙或铝离子

纤维

图 1-2　阳离子的桥梁作用

3. 化学结合

污垢与服装的化学结合并非生成了一种新物质，而是指脂肪酸、黏土、蛋白质等一些悬浮物或溶有污粒的溶体渗入纤维内部，污粒与服装材料纤维分子上的某些基团，通过一定的化学键结合起来而黏附在服装上。如同染色一样，这类污垢一般不易除掉，必须采取特殊的化学方法处理，破坏导致其相互结合的化学键。例如，服装上的血渍可使用蛋白酶分解去除；铁锈斑渍可利用草酸的还原性能，使之转化为草酸铁而除掉。

第四节　服装污垢的成分

在常规条件下，对人们的服装进行抽样调查，显示出不同服装沾染的污垢有明显差别。除了地区、环境、职业等因素以外，主要差别表现在上衣与裤子、内衣与外衣之间，它们的污垢成分都会有明显的不同。表 1-6 列举了一般服装的污垢成分情况。

表 1-6　一般服装的污垢成分情况（仅供参考）

污垢成分	衣领/%	衬衫/%	裤或裙/%
游离脂肪酸	20.4	14.6	30.2
轻蜡油	1.0	0.7	2.1
角鲨烯	4.2	2.6	10.6
胆固醇酯	13.2	10.0	2.3
固醇、胆固醇	1.7	2.2	1.5
三甘油酯	18.0	18.4	23.3
二甘油酯	4.2	4.7	2.3
单甘油酯	4.2	4.7	2.8
脂肪醇	4.2	4.7	0.9
蜡			20.6
含氮化合物	12.0	21.6	
氯化钠	11.6	15.3	
灰分	3.8	3.3	
不明物			3.4

第五节　服装污垢的识别与判断

一、污垢识别、判断的方法与程序

服装上的污垢多数是沾染后已经过了一段时间，变成了干涸状态。在洗涤或去渍之前，需要对污垢进行识别、判断。这种识别、判断是否准确，直接影响服装的洗涤效果。有时因为判断失误，选择了错误的洗涤方法，致使可以洗涤干净的污垢变成了顽固的污垢。

不论以哪种方法对污垢进行分类，单纯性的污垢是极少的；大多数污垢都是混合在一起的。这就需要抓住主要污垢成分进行识别、判断，同时还要兼顾污垢中所含有的其他成分，以得出较为准确的认识。

识别、判断服装污垢的基本属性可以通过查、看、嗅、摸、析五个具体程序进行，详见表1-7。

表1-7 识别、判断服装污垢的基本属性的具体程序

程序	内容
查	检查污垢所处的部位。根据污垢的部位可以推断污垢的种类，如上衣的前襟的污垢以食品和菜肴汤汁为主，裤脚的污垢以灰尘、皮鞋油以及机械油为主，而衬衫领子的污垢则以汗渍和人体皮脂等为主等
看	观察污垢残留物的状态、颜色。一些污垢留有明显的残留物，可以根据残留物的状态、颜色判断其种类。如带有同一颜色的硬性污垢很可能是油漆、涂料类，颜色明显比面料深一些的污垢大多数是油脂类，干燥的、表面仅有一些颜色而没有残留物的污垢大多是色素类，等等
嗅	嗅污垢的味道。一些污垢在形成后很长时间还存在着自身的味道，因此可以通过嗅觉进行识别，比如汗渍、人体油污、糖类、食品、化妆品等。这种方法有时能够较可靠地确定污垢种类，不同的气味经常可以成为确认污垢的辅助手段
摸	"摸"是泛指使用触觉判断污垢的方法。干性污垢与硬性污垢表面看起来相差无几，但成分差别很大。如含有糖类等的污垢经过指甲刮擦会发白甚有有粉末脱落；胶质物质、树脂类污垢留有极硬的板结污渍区域等
析	通过上述几个不同环节的识别，进行对比分析，从而得出较为准确的结论

二、污垢识别、判断的时机

科学、准确地识别污垢当然是通过化学分析最为可靠，但是作为社会服务业的洗衣业不可能采用如此复杂的方法。因此，洗衣业对污垢的识别、判断主要靠行业经验的积累，靠善于观察、分析而得出判断结果。

洗涤前对污垢进行识别、判断相对容易和简单。大多数污垢经过洗涤之后再进行识别、判断会增加难度。因此应当提倡在洗涤前对污垢进行分类的过程中多加观察、分析和判断，这样可以减少差错而事半功倍。

三、污垢的具体鉴别

依靠常识与书本知识来判别污垢种类都是可行的。污垢的部位、穿着者的职业和习惯以及其他许多因素都可以作为污垢识别的线索，直接向顾客询问是了解污垢类别的最简单途径。几种常用的污垢识别方法见表1-8，不同颜色所对应的污垢类型见表1-9。

表1-8 几种常用的污垢识别方法

识别方法	污垢特点
依外观鉴别	此法是依污垢在服装上的外观来识别污垢的。 有些污垢看起来像粘在服装上，为明显的点状或块状，吸附、覆盖于织物表面并污染浅层纤维，称为集结性污垢，如涂料、食物、泥点等；另一些污垢是随着溶剂被织物吸收而形成的，通过污垢仍可看出织物的纹路，称为吸收性污垢，如油类、有色液体等；还有些污垢兼有以上两者的特点，如许多食品造成的污垢等

识别方法	污垢特点
依颜色鉴别	许多斑点和污垢保留着形成它们的物质原色，按污垢的颜色便可识别污垢。如巧克力的色泽大多为咖啡色，其污垢的外观也是咖啡色，有黏的感觉；发亮或发暗的污垢因其与织物不同也十分明显，发亮的黑色污垢可能是焦油渍，发暗的污垢可能是食物渍或血渍；棕色斑可能是烈酒渍或饮料渍。通过颜色进行污垢识别时，切记不要被表面现象所欺骗，因为织物的颜色会使污垢与其原来的颜色表现不同或者污垢本身的化学变化也会使它与原色有所差异。不同污垢与颜色之间的关系可参考表1-9
依触觉鉴别	当用手触及某些污垢表面时，会有一定的手感，如新糖渍有黏的感觉，陈糖渍有发硬之感；蜡渍有脆感；油漆、指甲油渍有硬感且不易剥落；蛋白质渍一刮即泛白；唇膏渍较软，手擦可除去一些颜色；油渍有油腻感；等等
依位置鉴别	服装上不同位置的污垢一般也不同，如吃饭时易污染的部位一般为服装的前部（上衣的前胸、袖口，以及裤子的大腿部等）
依性别鉴别	性别不同，服装上的污垢位置也有所不同。 女式服装上可能的污垢：前襟和袖口有食物渍、油渍；衣服下摆和袖兜处有烹调油渍；领子有化妆品渍；肩部有婴儿的呕吐渍；裆部有血渍或异色；贴身服装有汗渍；肩部有雨水渍；等等 男式服装上可能的污垢：领子上有唇膏渍；上衣上口袋有墨渍；前胸、袖口、肘部有食物渍、油渍；衣袖里侧有书报或书本的油墨渍；裤腿处有泥点渍、鞋泥渍；裤子门襟处、腿弯处、裆部或臀部常有汗渍、尿渍及其他排泄污垢
依气味鉴别	有的污垢有气味，非刚粘上的污垢不会有明显的气味，用去渍枪喷一下，常可以使气味放出来，如香水、白酒、啤酒、呕吐物、血、汗、果汁、咖啡等的气味
依职业鉴别	画家和室内装修师的服装上往往会有颜料、清漆、糨糊、虫胶等污垢；汽车修理工、建筑工、车工等的服装上常有蓄电池酸液渍、锈渍、油渍等；办公室人员的服装污垢主要有办公文具渍、食物渍等；旅游者的服装上多为食物等污垢；医护人员的服装上主要为药品渍；家庭主妇或女服务员的服装上主要为食品渍；等等

表1-9　不同颜色所对应的污垢类型

颜色	可能的污垢
红色	红墨水、红圆珠笔油、红酒、果汁、化妆品、蜡剂、彩色笔渍
绿色	青草渍、铜锈、芥末、菠菜汁、啤酒
蓝色	蓝墨水、圆珠笔油、印泥、复写纸渍、化妆品、彩色笔渍
黄棕色	水果汁、咖啡、可乐、茶叶、芥末、尿渍、烟草渍、泥土、皮革染料、锈垢、刮痕、香水、药剂、啤酒
灰黑色	墨汁、涂料、金属印痕、硝酸、炭纸渍、鞋油、油泥、油烟、显像液、印泥、碘酒

四、服装上常见的污垢

服装上的污垢可以分为一般污垢和特殊污垢两种。一般污垢是指那些日常生活中经常遇到，并且容易去除的污垢。特殊污垢是指那些在日常生活中少见并且性质特殊、去除难度较大的污垢。去渍是指使用化学药剂和正确的操作方法，去除服装上污垢的过程。服装上常见的污垢类型及去渍方法见表1-10。

表 1-10　服装上常见的污垢类型及去渍方法

污垢类型		具体污垢及去除
一般污垢	油脂类污垢	主要包括动物油脂、植物油脂和石油等油脂类污垢。这类污垢用一般的洗涤方法不易去掉，需使用一些化学溶剂溶解这类污垢，再进行洗涤、去除
	纯色类污垢	主要指各种颜料和染料，以及带有色素的其他物质。这类污垢沾在服装上，特别是白色服装上很难去除，需采用一些化学和物理方法才能有效去除
	酸性色素类污垢	主要指酸类和一些水果汁渍。这类污垢可以溶解于水，去除时可以用化学中和法
	蛋白质类污垢	主要包括血渍、奶渍等一些含有蛋白质的物质。这类污垢可以溶解于水，但是不能高温处理，因为在温度高的情况下，蛋白质类污垢会与服装面料纤维结合得更紧密，不易去除
	脂性色素类污垢	主要包括油漆、印泥、口红等含有色素的脂性物质
	胶性色素类污垢	主要包括墨汁、涂料、水彩颜料等在胶中含有色素的物质。这类污垢的特点是在胶的作用下与服装的附着力较强
特殊污垢	服装搭色	指服装在洗涤中或穿用时，白色或浅色面料被带色的织物局部染上色渍的现象
	服装串色	指服装在水洗或干洗过程中，由于浅色织物与深色织物混在一起洗涤，使浅色织物改变了色泽的现象
	服装脱色	指某些服装面料的染色牢度较差，洗涤时因长时间浸泡、温度过高，或者洗涤力量过大，造成面料脱色的现象

第六节　顽固的污垢——污渍（渍迹）

　　衣物经过常规洗涤以后，绝大部分污垢都能够去除，再经过熨烫整理后就可以穿用了。但是还会有一些衣物在洗涤后，仍然残留着一些轻微的或较严重的，比较顽固的污垢，不能彻底去除；这类污垢再洗涤，也无法去除。而这些残存的顽固污垢却非常影响衣物的穿用，甚至仅仅因为很小的一点污垢而使服装无法穿在人的身上。这类顽固的污垢一般表现为斑点状或条纹状，有时还以较大范围的片状出现；这类顽固的污垢可能仅仅是一些颜色的痕迹，个别的也会有一些残留物。虽然这些污垢有的并不特别严重，但是它们明显地残留在衣物上，不但影响洗涤质量，还影响服装的美观，让穿衣者无法忍受。一般将这类经过洗涤但是仍然残留在衣物上面的顽固的污垢称为"污渍"或者"渍迹"。将在后面专门讲述去除污渍的相关知识。

　　通过对大量的各种污渍进行分析，可以发现它们是有其自身规律的，可以通过观察、分析、判断而找出去除之道。

一、污渍的类型

从去除污渍的角度出发，一般以污渍的具体成分及其物理、化学属性为依据，把污渍分成五种类型，具体见表 1-11。

表 1-11　污渍的类型

污渍的类型	具体表现
载体型污渍	一种极其常见的复合污渍，它由本身不太复杂的污渍和带有油性或胶性的载体共同组成，如圆珠笔油、指甲油、唇膏、复写蜡纸、油漆、502 胶等。这种污渍有比较明显的颜色，有的还会有发硬或发黏的残留物。去除这种污渍的关键是先考虑将其载体溶解或分解，同时还要考虑转移、吸附、排除被溶解或被分解下来的载体，再针对其余部分的污垢进行处理。有些这种污渍在载体溶解或分解过程中就已经去掉了。所以，能否溶解或分解载体是去除这种污渍的关键
金属盐型污渍	一种相对简单的污渍，它由不同的金属盐形成，主要是含较重金属离子的盐类污渍，如铁、铜、铬、锰、银离子等。它们可以表现为片状、条状或斑点状，颜色多样。其中最为常见的这类污渍呈黄色和棕黄色，容易被认为是颜色污渍。人们往往以为可以采取漂色的方法去除，而实际结果却是无功而返。这类污渍包括铁锈、铜锈、烟筒水、高锰酸钾、红药水、定影药水以及某些药剂和血污的残迹等；这类污渍一般不含油性或胶性物质，大多数没有任何残留物，也不会有发硬或发黏的感觉。利用氧化剂或还原剂并不能使其分解去除。这类污渍最恰当的去除方法是利用能够分解金属盐的去渍剂，将其分解为能够溶于水的反应生成物，就可顺利地去除了
天然色素型污渍	这种污渍最为常见，种类也最多，一般是以黄色、黄褐色、灰黄色为主。多数为斑点状，少数为条状，大片状的比较少见。这类污渍多半是菜肴汤汁、水果汁、蔬菜汁、青草汁、茶水、咖啡、可乐、啤酒、红酒以及人体分泌物等。它们多数是混有油脂或混有糖类、蛋白质的复合污渍。这类污渍在常规洗涤中已经去掉了大部分，残留的仅仅是一小部分。给人的第一印象是一些颜色，很少有黏性或干性的残留物。由于是天然色素，因此与纺织品染料的污渍有很大的差别。根据衣物本身的具体情况，有的可以采取强碱性洗涤剂、较高温度处理或使用含氧去渍剂处理（白色衣物可以根据纤维成分选择使用漂白剂处理），有的则需要使用去除鞣酸、蛋白质的专业去渍剂处理；但是不宜使用较强的机械力（如硬毛刷子、去渍刮板等）进行处理
合成染料型污渍	这是掉色衣物的染料沾染形成的污渍。由于掉色的染料沾染时情况不同，形成的颜色污渍不同，其严重程度也不同，从而去渍处理的方法也不同。由合成染料沾染而形成的污渍可以分成三种具体类型。 ① 串色：这是一种比较均匀的颜色沾染，被沾染衣物的整体颜色都可能发生改变，甚至好像是被认真地染了某种颜色。如：白衬衫变成了粉色，淡黄色 T 恤变成了果绿色等。这种情况是掉色衣物和被污染衣物共同洗涤造成的。因此，被沾染的衣物往往不会只有一件，与掉色衣物共同洗涤的其他衣物都会出现同样的沾染。我们说它是"共浴串染"，所形成的污渍叫做"串色"。 　"串色"情况是未能分色洗涤的结果，因此出现的机会较少。"串色"是颜色沾染污渍中较为容易处理的，一般采用控制性漂色方法（选择合适的氧化剂或还原剂即可）就可以轻松地去掉。具体方法将在后面介绍。 ② 搭色：在不同的情况下，由于被污染的衣物接触了掉色衣物而沾染了颜色。沾染部位是局部的，颜色污渍具有明显的轮廓界限，其他未沾染的部分能够完全保持原有的色泽。之所以造成这种沾染，是因为在有水的情况下不同颜色的衣物在一起堆放、搁置、浸泡或脱水。当洗涤剂浓度较高或温度较高的时候，以及接触时间较长的时候最容易发生这种沾染。由于这种污渍一定是通过与掉色的衣物相接触沾染的，因此是"接触沾染"；在进行纺织品染色牢度试验中称之为"沾色"；洗染行业习惯上叫做"搭色"。

续表

污渍的类型	具体表现
合成染料型污渍	"搭色"的处理方法较为复杂。由于去除搭色的同时还要保护原有面料的色泽，因此在选择去除手段时受到了很多的限制。这类搭色的处理可以有两种不同的方法：一种方法是采用剥色方法处理，就是使用福奈特中性洗涤剂进行剥色，利用颜色污渍与面料的结合牢度不如原有面料染色牢度高的差异进行处理，在保护原有面料色泽的前提下剥除颜色污渍；另一种方法是控制性地利用氧化剂或还原剂进行漂色。具体方法也将在后面介绍。 ③ 洇色：当衣物的面料、里料由不同颜色织物拼接或组成，或在衣物上装有颜色不同的附件时，在洗涤过程中由于其中某部分掉色，从而造成污染，形成颜色污渍。这类污渍大都出现在不同颜色面料的拼接接缝处或附件缝合安装处，而且在同一件衣服上这种颜色污渍会带有普遍性，都会出现相同的沾染。一些印花面料或染色牢度较低的色织面料，在洗涤过程中有时也会出现颜色的渗出和洇染，形成颜色污渍。由于这种类型的颜色污渍出现在不同颜色的分界处，并形成相同类型的"界面洇染"，所以叫做"洇色"。 "洇色"是颜色污渍中最难处理的。由于不同颜色的面料或附件紧紧相连，处理时极难控制。最简单的方法就是将衣物不同颜色部分拆开，把颜色污渍去除掉之后再缝合起来。但是一些衣物不能拆解或拆开后无法恢复，从而成为不可修复的"绝症"。 造成"洇色"的主要原因是对洗涤条件（洗涤剂浓度、时间、温度等）控制不到位；而处理洇色又比较难，所以防止洇色要比处理洇色更为重要
颜料型污渍	由不能溶解在水或溶剂里的细微固体颗粒形成的污渍。如各种涂料、广告颜料、飘尘、煤粉灰、书画墨汁、机械油泥等。这类污渍去除的难易主要看颗粒的大小，颗粒越大越容易去除，反之则难以去除。一般来讲，沾染在衣物上的这类污垢的颗粒度有两个界限：颗粒度大于 $100\mu m$ 以上的灰尘类污垢极其容易去掉，仅使用拍打和抖动就足以使其脱落；颗粒度小于 $100\mu m$ 且大于 $5\mu m$ 的颗粒污垢大多数比较容易在水洗或干洗中洗掉，不至于形成污渍；而那些小于 $5\mu m$ 的特别细微的颗粒污垢，有可能嵌在纤维之间甚至进入纤维的孔隙中，从而成为很顽固的污渍。这类顽固污渍非常难去除，如机械油泥、书画墨汁沾染的污渍、经过碾压踩踏的污渍等

二、污渍的识别与分析

由于污渍是常规洗涤以后残留的顽固污垢，多数污渍在用手触摸时，不会感到有更多的残留物，只有少数污渍可能留下可以触摸到的残留物。不同的残留物，其表现也各不相同，需要注意区别。它们主要有五种形态：色性污渍、干性污渍、黏性污渍、硬性污渍和假性污渍，详见表 1-12。

表 1-12 污渍的类型与表现

污渍类型	具体表现
色性污渍	在衣物上只是一些与底色不同的颜色，用手触摸污渍部分与周围面料没有什么区别，几乎没有任何其他与之共存的残留物。从表面看，只有深浅不同的黄色、棕色或灰色，甚至是红色、蓝色、绿色的各种残余色迹。如各种由于搭色、串色或洇色造成的颜色污渍，铁锈、铜锈类金属盐污渍，人体蛋白、植物色素和鞣酸类污渍，以及各种动、植物油污等。此外，在洗涤或去渍过程中产生的一些伤害也会表现为不同的颜色。不论是经过干洗还是经过水洗以后的衣物上的污渍，多数都属于这类色性污渍，是污渍中的大多数

污渍类型	具体表现
干性污渍	形成这类污渍的污垢在洗涤之前进行分类时就能发现，有时在干洗后也能够立即发现。这类污渍表面有一层薄薄的残留物，用指甲刮擦时，其颜色就会变浅，甚至出现白色粉末类的物质。多数是由一些糖类、盐分、蛋白质、米粥汤、面汤、呕吐物等形成的。这类污渍在常规洗涤过程中可以把表面部分去掉，但是不容易把渗透在面料内的部分彻底洗净。往往在洗涤之后，仍然会有少量污渍残存在纱线间，个别的可以渗入纤维之间甚至纤维内部，形成干性污渍。这类污渍中，大多数只需反复使用清水处理即可去除；也可以使用去渍刷蘸清水刷拭，或在去渍台上使用清水及冷风交替喷除，严重的则需要使用温度较高的清水去除。需要注意的是，去除过程中不可操之过急，要留给污渍被水分润湿、浸软、溶解和离析的时间
黏性污渍	在污渍范围内有较为明显的残留物，但是用手触摸时会感到面料表面仍然是柔软的，污渍本身也有黏软的感觉。如蜜汁、果酱、奶糖、浓稠的水果汁以及涂料、胶水、一些树脂类的物质等。黏性污渍的成分差别较大，有可能是食物类的污渍，也有可能是一些化工产品。去除前，最好对污渍进行相关的分析或试验，有利于较为准确地判断，便于选择去渍剂
硬性污渍	沾有这类污渍的衣物不多。硬性污渍表面会有明显的残留物，污渍范围内手感明显发硬，甚至形成完全板结而坚硬的区域；有的可能呈现半透明状，颜色可能比周围还要深一些。经过水洗或干洗后，这类污渍几乎没有什么明显的变化。如清漆、油漆、石蜡、沥青、指甲油、502胶、玻璃胶、内外墙涂料、干涸的树脂等。去除这类污渍大多数需要使用相应的有机溶剂，选择正确的溶剂最重要。在使用前，一定要考虑面料对溶剂的承受能力，避免伤及面料；不能取得准确判断结果时，必须在衣物的背角处进行试验
假性污渍	从表面观察非常像色性污垢的"污渍"，有时它比面料底色深一些，有时也会比面料底色浅一些，没有任何残留物。假性污渍的表现形式是多种多样的，有的仅仅是小斑点，有的甚至可以遍布衣物的全部。由于实际上并非留有污渍，严格地讲不能称其为污渍。但是大多数消费者或洗衣企业员工都会认为这是没有彻底洗净，还有残存污渍，因此称之为"假性污渍"。在显微镜或倍数较高的放大镜下，可以清楚地看到是面料表面受到一些损伤。有的是纯毛面料发生了局部缩绒；有的是由于面料受到摩擦，纱线出现毛羽，表面形成细密的绒毛，实际上是发生了浅表性的磨伤；还有的则是纱线开拈，甚至是面料表面的染料脱落等。由于上述各种受了损伤的部位对光线反射不同，从而造成了污渍的假象。假性污渍不能使用任何去渍剂处理，只能采取针对性的修复措施进行修复。如浅表性磨伤可以使用福奈特润色恢复剂进行修复处理，使之恢复原状。这类假性污渍中无法修复的比例也是比较高的

第七节　服装上污渍的分布

　　在不同的着装环境下，在不同的服装部位，污渍的情况是不一样的。图 1-3 是研究人员采用白色绒毛波拉呢（平纹或变化组织，精纺三股紧捻线制，手感滑爽，用于夏装）西服，西罗塞特加工法（毛织物耐久褶裥整理方法），在 22～34 岁年龄段的人间的调查结果。

　　从图 1-3 可以看出，上装中领子的部位污渍最重，其次是袖口附近；下装中裤脚折边处、膝盖、后袋口等处沾污较重。在洗涤过程中应给予注意或进行预处理。

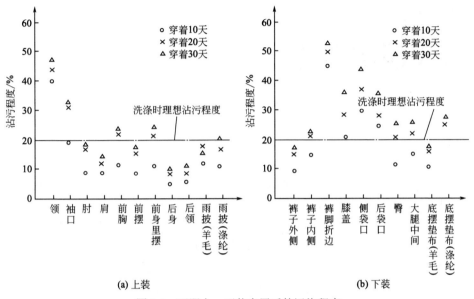

(a) 上装　　　　　　　　　　　　　　(b) 下装

图 1-3　西服上、下装穿用后的污染程度

第二章
去渍技术概论

　　所谓去渍，就是清除服装上的污垢、污渍。本章主要探讨去渍技术的主要问题，同时介绍一些去除各种污渍的实例与操作方法。

　　去渍，就是清除服装上的污垢、污渍。传统衣物的去渍，主要是靠洗涤。洗涤的方法主要有水洗和干洗，近年来，欧洲又开发出全新概念的湿洗。这种湿洗方法不使用有机溶剂，自然不同于干洗；虽然使用了水作为工作介质，但与水洗又有明显的区别。然而，无论哪种洗涤方法也只是在进行常规洗涤。在常规洗涤以后，衣物上绝大部分污垢都已经去除，大多数衣物经过熨烫整理后就可以穿了。但是还会有一些衣物在洗涤后，仍然残留着一些或是轻微的，或是严重的比较顽固的污垢不能彻底去除。这类污垢再继续进行洗涤已经无济于事，而这些残存的顽固污垢却非常影响使用，甚至仅仅因为一丁点儿污垢而使服装不能穿在人的身上。这类顽固的污垢一般表现为斑点状或条纹状，有时也以较大范围的片状出现。顽固的污垢大多数仅仅是一些颜色的痕迹，少量的会有一些残留物。总的来讲，尽管这些污垢有的并不特别严重，然而明显地残留在服装上却让穿衣人无法忍受。人们称这类虽然经过洗涤但是仍然残留在衣物上面顽固的、严重的污垢为渍迹或污渍。

　　这种污渍仅靠一般的干洗或水洗是不可能洗涤干净的，因此要采用专门手段进行有针对性的去除，也就是需要进行去渍处理。由于污渍的种类不同、成分不同、沾染情况不同，因此其特性也各不相同，而不同的污渍表现出的状态也会多种多样。由于面料不同，污渍与其结合的情况也不同，所以，去除污渍就成为比较复杂和艰难的工作了，洗衣店的技术骨干多数是去渍高手。

　　去渍的第一步就是识别它们，进而研究与分析这些污垢、污渍属于什么种类及其所含成分。

　　通过分析和判断之后，正确地选择专门的、有针对性的去渍剂，或是选用相关的化学助剂进行去除污垢、污渍。

于是，世界上就产生了专门研究、开发、生产专业去渍剂的企业，在洗衣业中也就有了专门的去渍技术。

第一节　去渍的原理、模式和方法

衣物上的单纯性污渍很少，多数是复合污渍，通常会含有各种不同类型的色素和油脂。在这种情况下，最好是先进行去渍，然后洗涤，尤其是颜色比较浅一些的衣物，在准备进行干洗时应先行去渍。一些衣物还可以先进行水洗后进行去渍或干洗。最不可取的就是先行干洗后进行水洗或去渍，这样必然是事倍功半，并给去渍带来不必要的麻烦。有的时候很可能因此而使某一块污渍最终不能彻底清除，成为"绝症"。在什么情况下去渍、在什么样的时机去渍是有一些讲究的。

服装的去渍过程，实质上是化学力和机械力共同作用下，将服装上的污渍从其表层及纤维空隙挤出分离的过程。

一、去渍原理

在去渍洗涤过程中，通过溶剂（干洗剂或水）或去渍剂和机械力的作用，削弱、降低和破坏了污渍与服装间所形成的各种结合力（表面附着力、机械附着力、物理结合和化学结合力），使污渍脱离衣物，达到去渍、洗净的目的。

去渍洗涤过程可表述为下式：

$$（衣物+污渍）+去渍剂 \xrightarrow{溶剂、机械力} 衣物+（污渍+去渍剂）$$

由上式可见，在去渍洗涤过程中要想清除衣物上黏附的污渍，必须具备以下三要素：

去渍剂或洗涤剂——活化作用；一定温度的干洗剂或水——吸收污渍的媒介作用；机械力——揉搓除污作用。

因此，常把干洗剂或水、去渍剂或洗涤剂以及机械力称为去渍洗涤过程的三要素。

二、去渍的模式

一般来说，去渍的模式有五种：洗前去渍、洗后去渍、洗中去渍、整体处理和局部处理。前三种是根据去渍时间来划分的；后两种是根据去渍的范围来划分的，详见表2-1。

表 2-1　去渍的模式

去渍的模式	模式描述
洗前去渍	即在洗涤前进行去渍。采用此种模式能够根据污渍的原始状态得出较为准确的结论，可以选用合适的去渍剂先行去渍。不论是采用干洗还是采用水洗，这种去渍模式适于在大多数情况下使用；尤其准备干洗的浅色衣物，必须先去渍再干洗，否则经过干洗的脱色作用和较高温度的烘干，原本比较容易去除的一些污渍（如蛋白质类、糖类、胶原类污渍等）就成为最顽固的污渍了
洗后去渍	即经过洗涤后再去渍。采用洗后去渍常见的有两种情况：一种是衣物水洗以后可能留有一些油性污渍不能彻底洗净，需要针对油污的残留物去渍；另一种是在干洗深色衣物以后，多数会残留一些水溶性污渍，需要进行去渍处理。如果不属于这两种情况，洗涤之后再去渍，往往效果不会太好
洗中去渍	即在洗涤过程中去渍。这种方法仅限于手工水洗时候使用。一些比较柔软的衣物，不能承受机洗的外力作用，也不宜进行干洗，因此选用手工水洗处理。由于各种新型面料不断在市场上出现，要求手工水洗的衣物逐渐增多。在进行手工水洗时随时注意衣物上的污渍情况，如油斑、色渍等，就可以选用合适的去渍剂同时进行去渍，简便快捷，省时省力。虽然这种方法使用的不是太多，但是简捷有效。然而，由于在水中不容易辨认污渍，所以只有有经验的人才可能得心应手地使用这种方法去除污渍
整体处理	即对服装整体去渍。由于面料、污渍的不同，去渍方式和去渍剂就会不同。这其中最应注意的就是对面料本身的影响。因此，为了尽可能减少对面料、纤维、颜色等方面的影响，有条件整体处理的，采用整体处理是比较好的选择
局部处理	即对服装局部去渍。由于面料、衣物结构、污渍等因素的影响，不能够采用整体处理时，使用去渍剂和去渍台就是较好的选择；但是采用局部处理时，要充分考虑不要伤及面料及底色

三、去渍的一般方法

去渍的一般方法有：强洗法、浸泡法、揩拭法、吸收法、氧化法和还原法六种，详见表 2-2。

表 2-2　去渍的一般方法

去渍方法	方法描述
强洗法	该法是以水作溶剂，要考虑到污渍可否在水中去掉，但忌用热水。在进行水洗时，最好将污渍处用花绷子绷紧，然后用软刷蘸水刷洗，但要防止损坏纤维
浸泡法	该法是将织物上的污渍部分放在盛有去污溶剂的容器中，使污渍在溶剂中溶解，可以用刷子蘸溶剂刷洗，应当注意浸泡时间，防止时间过长损伤织物
揩拭法	用洁净的布或棉花团蘸取溶剂去揩拭污渍，还可以从背面揩拭，此法不易损伤织物。如面积不大，可将污渍部分蒙在玻璃杯口上，正反面轻轻揩拭。当揩拭后留下圈痕时，只要从圈痕部分的中间向外沿着一个方向揩拭（不要来回揩拭），圈痕便可以除去
吸收法	对于那些精细、结构松、易脱色的织物采用此法。加入去渍剂后待其溶解，用棉花类吸湿较好的材料吸收被去除的污渍，但应注意及时更换棉花团
氧化法	此法是一种化学去渍方法，它是利用一些氧化剂对污渍进行氧化去除
还原法	此法是一种化学去渍方法，它是把一些不溶于水的污渍，通过还原反应，使污渍变成可溶于水的物质，然后再进行洗涤处理

第二节 去渍的程序和流程

一、去渍的程序

判断污渍、选择去渍剂、决定去渍时机之后就是怎样去渍了，也就是去渍的程序。这是确保去渍效果和去渍效率的关键。一般应当遵循下列顺序，详见表2-3。

表2-3 去渍的顺序类型

去渍顺序类型	程序描述
先水后药	无论什么样的污渍，都需要先经过水的处理之后再进行下一步操作，一方面是为了避免去渍剂的交叉作用，另一方面许多用水就可去除的污渍也可以最先脱离衣物表面
先弱后强	大多数污渍在一开始的时候，很难准确确定其成分，所以，在去渍过程中使用药剂或工具时，都要遵循先使用比较柔和的手段，然后渐渐使用强劲的手段。在去渍台上不能贸然使用蒸汽，温度的控制也要本着由低到高的原则。不论是机械力、药剂烈度、药剂浓度还是所用温度，都要遵循这个原则
先碱后酸	选用去渍剂时，酸性去渍剂应该最后使用。因为多数污渍会在酸的作用下与衣物结合得更加牢固，使去渍过程变得复杂起来。如果对于污渍判断准确，当然可以立即使用某种去渍剂解决问题；如果不能准确确定污渍种类和选择最适宜的去渍剂，这个原则就显得更加必要了
先试后除	一般情况下，从表面看不容易立即确定污渍的成分，也不宜立即确定选择哪种去渍剂。为了不走弯路和发生差错，应在背角处先试验一下面料的承受能力，可以避免因去渍剂选用不当对衣物造成伤害，使去渍更准确、从容

二、去渍的流程

对于不同的污渍有不同的去渍步骤，同一污渍在不同的服装材料上也有不同的去渍方法。确定最佳的去渍方案是极其重要的，简单、快捷、对服装损害小是基本的原则。根据服装及污渍的性质确定去渍的程序如下：

（1）判断是干性去渍还是湿性去渍　去除同一污渍往往有几种方法，但对具体的服装而言，因其材料及款式的原因，就有干性去渍与湿性去渍之分。有的服装及服装材料不适宜湿性去渍，它会引起服装的变形，如毛织物适宜干性去渍，其他的可湿性去渍；西服、大衣及婚纱类应用干性去渍，其他的可湿性去渍。有的污渍可湿性处理，如鞣酸渍、蛋白渍等；有的污渍须干性处理，如颜料渍、唇膏渍、指甲油渍等。

（2）预测去渍的损伤程度　这直接影响服装的去渍步骤，它涉及服装的款式、服装材料的结构等，服装款式复杂、服装材料结构松时，去渍过程应格外小心。

（3）考虑去渍的方便与经济程度　对于某一具体的服装，可视得到去渍剂的难易程度与经济性决定去渍步骤。同样的去渍，应选择易操作、经济的方法。

去渍方法并非一种，其选择应符合以上原则。例如，圆珠笔油渍的去除有以下几种方法：①用苯揩拭；②用四氯化碳揩拭；③用汽油揩拭；④用丙酮揩拭；⑤用酒精皂液揩拭；⑥用碱性洗涤液揩拭。具体选用何种方法首先应考虑服装的材料，如果是毛料，应选用方法①～④；如果是涤棉面料，则可选择方法③～⑤。去渍流程如图 2-1 所示。

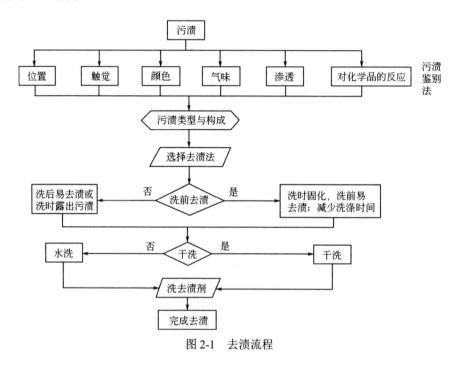

图 2-1　去渍流程

三、去渍后处理

所谓去渍后处理，就是清除去渍后衣物上可能残存的一些药剂残留物。

1. 去渍后处理的必要性和重要性

① 洗衣中的去渍工作技术性很强，涉及的各种药剂也比较多，去渍后衣物上都可能残存一些药剂。这些残存药剂如果留在衣物上会不断对衣物产生作用，因此去渍后必须进行相应的清除处理，需要把所有的残留物彻底去除干净。

② 去渍后衣物要进行熨烫，这时如果衣物上仍然残存一些药剂，熨烫时就会发生严重的化学性伤害，而这类化学性伤害往往是毁灭性的，无法修复的。

2. 去渍后处理的基本原则

去渍后处理的基本原则只有一个：彻底清除药剂。甚至，去渍后还要进行重新洗涤，以保证衣物上没有任何残留物。

第三节　去渍的原则与注意事项

衣物被沾污，不仅影响美观，而且污渍会腐蚀衣物，甚至会沾染到其他部位及衣物上，所以一定要及时处理污渍，但有些污渍是不能用肥皂和洗涤剂去除的，必须使用一些化学清洗方法。化学清洗方法很多，主要包括使用弱酸、弱碱、有机溶剂和漂白剂等物质进行清洗、去渍。

一、去渍的原则

用化学方法去渍的原则如下：

（1）及时处理　衣物沾污之后，若污渍久未去除，就会变干而难以去除，所以必须尽快采取措施，及时去除。

（2）因情制宜　在去除织物上的污渍时，必须弄清"渍""色""纤维"的性能，然后选用适宜的方法，加以去除。

（3）先试后除　对于不明污渍、纤维种类不清的情况，都必须先找一块同质的布料，或在衣边内不明显的地方，用欲试药品做一下试验，观察去除效果、织品纤维及染色牢度的变化，如无异常，方可采用此法。

（4）避免扩散　去除污渍时动作要轻而快，由外围向中心擦拭，避免污渍扩散或留下痕迹。

（5）多次少用　去除污渍时，去渍剂的用量要少，以避免向外扩散，应少用药、多擦拭。

（6）切忌刷擦　去除干固的污渍，要避免用硬物、硬刷使劲刷擦；否则，既易使污渍扩散，又易损伤织物。

二、去渍应注意的问题

1. 去渍过程中应注意的问题

在去渍的过程中，除要考虑前面所讲的原则外，还应注意以下几点：

① 去渍剂的选择，宜用水或肥皂、洗涤剂清洗，如无效，方可用其他有机溶剂。

② 使用有机溶剂时，一要注意溶剂的毒性；二要注意溶剂的可燃性；三要注意溶剂的浓度。

③ 凡用有机溶剂去污的衣物严禁火烤，在去污过程中还要远离火种，防止损坏衣物或发生火灾。

④ 所用各种有机溶剂，用后要加盖密封，防止其挥发。

⑤ 在用两种以上有机溶剂或其他试剂时，一定要待前一种试剂干后方可用第二种，并且两种试剂间不能发生化学反应，避免损坏衣物或出现新的污渍。

2. 去渍台上的去渍操作应注意的问题

在去渍台上进行去渍操作，应注意下列问题：

① 在任何时候都应将去渍剂瓶摆放在去渍台上的同一位置，这样将会使拿错去渍剂瓶的机会降至零。

② 在使用去渍喷枪进行吹蒸汽及干燥时，应该使喷枪和织物保持安全的距离，否则将会损坏织物。

③ 让去渍台上的刷子及瓶子保持干净。去渍台就是工作区间，工作区间越大，那么工作效率也会越高。

④ 保持去渍台清洁。在处理完一件衣服之后，应将去渍台上的去渍剂和其他污渍打扫干净，以避免污渍从一件衣服传到另一件衣服上。

⑤ 如果发生褪色，应用毛巾来蘸洗，不要将染料冲入筛网内。如果在筛网里有脱色的染料，则会溅到要处理的下一件衣服上，要花大力气去除它。

⑥ 敲打织物时，应将刷子蘸上液体，保持湿润，因为是去渍剂在发挥作用而不是机械运动。

去渍剂的摆放位置如图 2-2 所示。

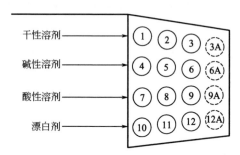

图 2-2　去渍剂的摆放位置

第三章
去渍剂及其使用

广义的去渍剂可以分成两大类，即专业去渍剂和可用于去渍的各种化学助剂。下面分别对其进行介绍。

第一节　去渍剂

去渍剂是指对污渍有一定针对性的化学药剂。去渍剂的种类很多，总的来说，可以分为湿性去渍剂和干性去渍剂，可根据具体的去渍对象进行选择，如毛纤维服装应尽量用干性去渍剂。去渍剂按其作用特征可分为四类，即溶解作用去渍剂、润滑作用去渍剂、化学作用去渍剂和分解作用去渍剂。

一、溶解作用去渍剂

溶解作用去渍即用液体溶解固体或液体溶解液体进行去渍，分为湿性溶解作用和干性溶解作用（无水或少水），具体根据某些固体或液体的溶解特性而应用于去渍上。例如：三氯乙烯和四氯化碳具有良好的脱脂能力，可用于处理一些油脂、油基色素的污渍等。溶解作用去渍剂的类型、特征与功用见表3-1。

二、润滑作用去渍剂

润滑作用去渍是指使用某种油性或润滑性的物质去除污渍。这种润滑性的物质可以软化污渍，并将污渍从织物上分离下来，使之悬浮以便可以冲刷掉。润滑作用去渍剂可分为干性润滑去渍剂和湿性润滑去渍剂，其类型、特征与功用见表3-2。

表 3-1　溶解作用去渍剂的类型、特征与功用

类型		特征与功用
湿性溶剂		湿性溶剂多指水。与其他溶剂相比，水能溶解较多类型的污渍、水溶性的化学药剂。由于许多物质都能溶于水，因此水很少是纯净的，可能会使织物缩水、渗色、掉浆，失去褶裥，产生皱纹。水对所有的纤维及大多数织物的颜色无损害
干性溶剂	乙酸戊酯	乙酸戊酯无色、透明，有一种香蕉的气味（故也称香蕉水），挥发性强，易燃烧。可用于去除含硝化棉、硝化纤维素、胶棉的污渍，如指甲油、某些胶水、漆料、鸡眼膏油印、涂改油、塑料纽扣留于织物上的残渍及一些塑料黏胶渍等。在织物上的树脂被损坏形成圈痕或凹陷时，也可用它纠正。它对衣物无害，对多数色布来说比较安全，但对一些特殊印染品有损害，如植绒印花布、手绘花布、镀金印花布。由于乙酸戊酯具有易燃性，故在使用时应小心，避免暴晒并远离火源
	四氯化碳	四氯化碳是无色透明的液体，气味令人愉快。它不溶于水，但溶于醇、醚、苯；它可去除油漆渍、氧化油脂渍、口红渍、记号笔渍、圆珠笔渍；它对某些染料有影响，在有色织物上使用前应在边角上试用一下
	松节油	松节油为无色至深色的油状液体，长期存放颜色加深，具有松香气味，有毒。它不溶于水，但溶于乙醇、乙醚、氯仿等有机溶剂，能去除油漆、树脂、鞋油等污渍
	乙醚	乙醚为无色透明的液体，味甜、易燃、易爆，有芳香味，微溶于水，溶于乙醇、苯、氯仿等有机溶剂，能溶解蜡质物质、油脂、树胶等污渍
	汽油	汽油为透明液体，易燃，不溶于水，能溶于醇、醚、苯等。它可去除动植物油、矿物油、油漆和某些油污渍
	四氯乙烯	四氯乙烯是主要的干洗剂，也可作为去渍剂。在干洗前或干洗后使用四氯乙烯的目的主要是加大作用力，使局部处理有足够的作用力和针对性。它是一种浓稠的液体，比其他干洗剂毒性小，性能稳定，对金属有轻微的腐蚀性，对不锈钢没有影响。可使用油类、脂肪类等物质溶解，四氯乙烯可去除油漆、动植物油、矿物油、口香糖、化妆品等污渍

表 3-2　润滑作用去渍剂的类型、特征与功用

类型		特征与功用
湿性润滑去渍剂	中性润滑去渍剂	中性润滑去渍剂，除了具有润滑作用外，还有渗透、乳化、悬浮污渍的作用。通常，服装在使用水溶性去渍剂冲洗后，一般使用中性润滑去渍剂，它可与酸、碱、硬水共用，使用前以水稀释。中性润滑去渍剂的浸没作用会在浅色拉毛织物上留下光亮的痕迹，此时可用甘油代替。中性润滑去渍剂不损伤织物，基本不使织物褪色
	甘油	甘油是黏稠的液体，不具有清洗性能，但其渗透性极佳，故不易在织物表面造成亮斑，适于润滑如水渍、墨水渍、染料斑渍等污渍。由于其挥发率低且能保持织物湿润，故可与分解剂结合使用。甘油不损伤织物，基本不使织物褪色
干性润滑去渍剂		干性润滑去渍剂也称为油性油彩去除剂，它是几种成分的混合物，不损伤织物，但与湿性化学药品共用时对染料有害，因此最好先试用一下。它会释放出溶剂（酒精）；它可去除油彩、化妆品、油污等污渍，但不能让其干在衣服上，否则会引起脱色；它可以用干洗剂清除，不损伤织物的结构与颜色

三、化学作用去渍剂

化学作用去渍是通过化学反应将污渍变为无色的，以溶解污渍或起一种掩饰作用，起溶解作用的有酸、碱，起掩饰作用的有氧化剂、还原剂。

酸在化学性质上与碱相反，可使 pH 试纸或石蕊试纸变红，可中和碱，用于恢复因碱引起的变色；可溶于水及其他湿性化学药剂；可除去鞣酸渍、墨渍、染料渍、药渍等。由于酸对金属有侵蚀作用，故应定期清理去渍台。

碱使 pH 试纸或石蕊试纸变蓝，可中和酸，用来处理因酸造成的变色；可溶于水及其他湿性化学药剂，与湿性合成洗涤剂共用，可增加洗涤剂的去污能力；可去除蛋白质渍、红墨水渍、染料渍、药渍等。但碱对毛料、丝及颜色鲜艳的织物有影响。

氧化剂作用于污渍，可将污渍掩盖或使污渍变成无色，通常用于服装的漂白处理。漂白有氧化作用与还原作用两种。氧化漂白与还原漂白是一对相反的反应，如果用一种漂白剂出现了问题，则可冲洗后，用相反作用的漂白剂处理。一般情况下，氧化作用比还原作用的漂白稳定，氧化作用的漂白多用于有机物污渍的去除，还原作用的漂白多用于色渍的去除。氧化剂和还原剂既可作为去渍剂，又可在服装洗涤完成后对服装进行增白处理。

化学作用去渍剂的类型、特性与功用见表 3-3。

表 3-3 化学作用去渍剂的类型、特性与功用

类型		特性与功用
酸	乙酸	乙酸无色，有挥发性、水溶性，是一种常见的酸性较弱的有机酸。使用含量超过 28% 的乙酸溶液，会损坏醋酸纤维、锦纶织物，所以总是使用含量为 10% 的乙酸溶液。乙酸用于中和因碱造成的变色；可去除鞣酸渍，如咖啡渍、茶渍及大部分软饮料渍。如要去除鞣酸渍、墨渍、染料渍和药渍，应首选乙酸。在水洗中也可用乙酸去渍，它一般不损伤织物的颜色
	草酸	草酸为无色透明结晶体或白色粉末，以 15 倍水稀释可去除鞣酸渍、墨渍、染料渍、药渍，也可用于去除锈渍、金属印渍（作用慢）。对于有色织物，使用草酸前应先检查其对染色牢度是否有影响，用完后应彻底漂洗
	混合酸	它是酒精、润滑剂和酸的混合物，可去除鞣酸渍、墨渍、染料渍、药渍，也可用于去除锈迹及金属印迹（作用慢）。因含有酒精，故混合酸对织物的染色牢度有一定的影响，用前应先检查其对染色牢度是否有影响
碱		氨水是一种无色的挥发性液体，具有强烈的气味。去渍时，使用含量为 26% 的氨水，可中和因酸引起的变色，去除某些墨渍、染料渍、药渍等；与合成洗涤剂合用，可去除汗渍、食物渍和蛋白质渍。对于有色织物、羊毛织物、丝织物等，应注意其对染色的影响。此外，它会加固鞣酸渍，使之更难去掉
氧化剂	过氧化氢	过氧化氢、二氧化氢又叫双氧水。纯过氧化氢是一种油状、无色液体，是一种优良的氧化性漂白剂。市售的商品双氧水为无色溶液，含量一般有 3%、30%、35% 及 90% 几种，常用含量为 30% 或 35%。使用时，一般以既能使被漂织物达到满意的白度、鲜艳度和去除氧化污垢，又能使织物的损伤较小为基本原则。以过氧化氢含量 30% 计，其使用浴比为 6~16g/L。过氧化氢在漂白过程中不产生有害气体。 一些重金属离子，如铁、铜、铬、锌离子等，可以催化过氧化氢的分解，因此，用过氧化氢漂白时，溶液中和服装上不应有重金属离子存在，否则由于过氧化氢分解得太快，会造成部分纤维的脆损。 过氧化氢可去除鞣酸渍、蛋白渍、墨渍、染料渍、药渍、烧焦渍，可在服装水洗的主洗阶段、漂白阶段同时进行漂白

类型		特性与功用
氧化剂	过硼酸钠	过硼酸钠为白色无臭的粉末或粉状晶体，不易溶于冷水，但易溶于热水，其水溶液呈碱性。 过硼酸钠溶于水后不会立即分解。它缓慢地水解成硼砂、氢氧化钠和过氧化氢。由于过氧化氢的放出比较缓慢，故使用时有利于控制；但当溶液温度升高至40℃时，它分解得就较快了。 在漂白时，过硼酸钠在60℃以上的热水中，才会有明显效果且必须在主洗阶段使用。 由于使用过硼酸钠作为漂白剂是利用其分解出的过氧化氢，因此，它的作用过程类似过氧化氢，只是使用的温度不同
	高锰酸钾	高锰酸钾为一种强的氧化漂白剂，较常用，呈碱性，可用酸加速其氧化反应，一般作为除墨剂出售。因其会使织物强度变弱，故不宜浸泡。它会在服装上留下棕色痕迹，可用过氧化氢或乙酸去掉。对多数纤维及染料都有不利的影响
还原剂	连二亚硫酸钠	连二亚硫酸钠俗称保险粉。商品保险粉有两种形式：一种是不含结晶水的连二亚硫酸钠，为淡黄色粉末；另一种是含结晶水的连二亚硫酸钠，为微灰色的白色晶体。它们都易溶于水，并呈弱酸性。 连二亚硫酸钠是一种漂白剂，还原作用非常温和。它在碱性溶液内有褪色和漂白的作用，常在小范围内使用，如对毛织物的漂白。棉织物如被还原染料污染可用它在碱性条件下处理。 在潮湿环境中，连二亚硫酸钠的性能很不稳定，易形成亚硫酸。配制溶液时，应将连二亚硫酸钠加入水中，不要将水加入连二亚硫酸钠里，否则它会迅速分解
	亚硫酸氢钠	亚硫酸氢钠是一种还原漂白剂，以粉状形式出售。稀溶液为每升水加6.8g亚硫酸氢钠，浓溶液为每升水加11.4g亚硫酸氢钠，呈酸性。应用时可用酸加速反应，反应速率快，应小心观察。 一般采用浸泡方式使用，也可局部漂白，可去除染色剂或清洗一些较易脱色的印染织物，使织物变白。亚硫酸氢钠不可与金属接触，如饰物、金属纤维织物等。它对多数织物无害，但会损伤织物的颜色
	硫酸钛	硫酸钛是一种还原漂白剂，呈酸性，遇酸反应加速，切不可与碱共用。用于局部漂白去渍，可去除色渍或清洗易脱色的印染织物，对白色织物上的色斑去除效果极好，但不具备增白的作用。它对织物无害，但易损伤颜色，使用中不要接触金属。

四、分解作用去渍剂

分解作用去渍剂是利用酶制剂把服装上不易溶解的蛋白质污渍（例如人体分泌物、血、牛奶等），变为可以溶解的污渍并加以去除。常见的去渍剂见表3-4。

表3-4　分解作用去渍剂的类型、特性与功用

类型	特性与功用
碱性蛋白酶	碱性蛋白酶用于去除常见于衣领、袖口上的人体分泌物，以及血渍、奶渍、食品渍等蛋白质污渍。它适宜在碱性条件下（pH 8～11）发挥效能，具有较好的低温洗涤效果
碱性脂肪酶	碱性脂肪酶用于去除含脂肪的污渍，如动物油、色拉油、黄油、人体皮脂、化妆品等形成的污渍。它适宜在碱性条件下（pH 8～12）发挥效能
淀粉酶	淀粉酶用于去除面粉渍、巧克力渍、食品渍等含淀粉的污渍。淀粉酶可以与蛋白酶配合使用，去除淀粉与蛋白质的混合污渍。淀粉酶还具有抗串色和抗沉淀的效果，适宜在高温条件（100℃）下使用，在碱性条件下（pH 8～11）能发挥效能
纤维素酶	在洗涤含棉的服装时，纤维素酶具有护色、减少纤维黏附污渍的作用，可使服装面料光滑平整，去污增白

使用各种酶制剂时应注意下列事项：

（1）保温 即使用中应注意保持合适的温度（40～60℃），因为温度过低，酶的活力会受到影响；温度过高，酶的活力又会被破坏。一般酶在40℃时的活力最强，去污力大；温度超过70℃，酶会失去作用。不要在污渍处加热，否则酶制剂将会被破坏。

（2）溶解 酶在去渍时须溶解在水中才能发挥作用。在去渍台上使用酶时，每0.5L水加半茶勺分解剂、一茶勺甘油（化学纯）；浸泡时，每5L水加一茶勺分解剂，除丝织物、毛织物外，浸泡普通织物还可以加入一茶勺食盐。如果没有水分，所有的反应都会停止。酶分解作用是酶将不可溶的鸡蛋、牛奶、血等蛋白质与淀粉等污渍变为可溶物质的过程。这些污渍不溶于水，在纤维上黏着力很强。酶可催化蛋白质的水解，使之变成水溶性的肽或氨基酸。

（3）保持中性 酸或碱都会使酶的活力下降。

（4）注意时效性 酶在存放一定时间后会失效，因此存放时间不宜过长。

（5）等候 反应持续时间为15～20min，应专门安排供织物上的污渍发生反应的时间。

第二节 常用的进口去渍剂

一、部分常用进口去渍剂

国内、外对去渍都有广泛的研究，并有相应的产品出售。常用的进口去渍剂的商品名和适用范围见表3-5、表3-6。

表3-5 常用的进口去渍剂的商品名和适用范围

商品名	适用范围
MISTER SIGNAL Ⅱ	去除嵌入面料中的污渍，清除水溶性污渍
CAL-STRIP/PURPLE MAGAIC	去除口红渍、纽扣渍、黏土类颜色和染料渍
CINCH	去除水溶性和油类污渍，对有色织物使用前应先试一下
RX	去除墨渍、化妆品渍、鞋油渍、胶水渍、油漆渍、蛋黄渍、焦油渍、口香糖渍
KWIK	去除口红渍效果好
FAST P-R	去除脂肪类污渍、乳胶渍、油漆渍、嵌入织物污渍
ZUDS	去除水溶性污渍、糖渍、呕吐物污渍、排泄物污渍
FORMUTA9	去除丝绸平整剂、糖渍、草渍、蛋白质污渍
TAN-E-CAL	去除咖啡渍、茶渍、苏打水渍、红酒渍、蔬菜渍、果汁渍、啤酒渍、西瓜渍、青草渍，对有色织物使用前应先试一下

续表

商品名	适用范围
PRO-TE-CAK	去除蛋白质污渍、冰激凌渍、呕吐物渍、汗渍，不可用于皮毛、丝绸物品的清理
PURASOL	去除蜡油渍、润滑油渍、指甲油渍、焦油渍
QUICKOL	去除润肤膏渍、口红渍、鱼肝油渍、矿物质油渍、复写纸油渍
LOCOLS	去除油漆渍、涂料渍、胶黏剂渍、天然和人工树脂渍、印章油渍、墨水渍
ERANKOSOL	去除糖渍、芥末渍、冰激凌渍、霉菌渍、淀粉渍、牛奶渍、啤酒渍、泥尘渍、巧克力渍、尿渍
CAVESOL	去除咖啡渍、茶渍、果汁渍、香水渍、草渍、可乐渍、烟油渍、酒渍
BLUTOL	去除血渍、菜汤渍、可可渍、鱼肉汁渍、牛油渍、汗渍等
COLORSOL	去除墨水渍、油墨渍、脂粉渍、鞋油渍、圆珠笔渍等

表 3-6　某种品牌去渍剂系列适用范围

项目	湿性去渍剂			干性去渍剂			特殊去渍剂	
	T2	T3	T7	T1	T6	T4	T5	T8
可除污渍	咖啡 红酒 青草汁 茶水 蔬菜汁 苏打水 果汁	血渍 蛋渍 黏液 汗渍 牛奶 呕吐物 尿液 冰激凌 肉汁 淀粉 胶水	水基渍 呕吐物 蛋白质 糖渍 鞣酸渍 排泄物	墨水 胶水 焦油 化妆品 油漆 口香糖 鞋油 指甲油	水印圈 蛋白类污渍 油类污渍 乳胶	铁锈。该去渍剂有毒，不可接触皮肤，小心使用，小心保护	各种污渍造成的颜色斑点	去除不可溶于水和干洗的污渍

二、专业去渍剂

专业去渍剂大多数都是以系列套装形式出现的，一般多为 3～10 支一组，现将市场常见的专业去渍剂予以介绍。

1. 福奈特（FORNET）系列洗涤、去渍剂

福奈特洗衣连锁系统根据实际情况开发、研制了具有自主知识产权的系列洗涤、去渍剂，对于目前发达国家所生产的各种去渍剂进行有效的补充。福奈特系列洗涤、去渍剂具体品种有八种，详见表 3-7。

表 3-7　福奈特（FORNET）系列洗涤、去渍剂

种类	适用范围
福奈特中性洗涤剂	用于洗涤各种羊毛、真丝以及柔软的衣物；并且可以有效去除由于搭色和串色造成的颜色污染，同时还能保护衣物原有色泽
福奈特毛织物柔软剂	用于对各种毛纺织品水洗之后的柔软整理

续表

种类	适用范围
福奈特润色恢复剂	用于为洗涤后的绒面皮革、磨砂皮革衣物恢复原有颜色；也可以用于去除各种真丝、纯棉深色衣物洗涤之后形成的白色霜雾状浅表损伤
福奈特拉链润滑剂	用于解决衣物上各种拉链经过干洗以后发生的滞涩
福奈特抗静电剂	用于消除衣物干洗以后所产生的静电
福奈特去油剂（红猫）	这是类似克施勒去渍剂 C、威尔逊公司油性去渍剂 Tar Go、西施紫色去渍剂的一种，是性能好而价格较低的去油剂。它特别适用于在水洗前进行各种油污的去除，甚至只要滴在污渍处无须进行手工处理即可有效去除带有油脂的污渍
福奈特去锈剂（黄猫）	用于去除金属离子型的污渍，如铁锈、铜锈、定影药水、银渍、残余血渍、高锰酸钾渍等
福奈特去滞剂（黑猫）	用于干洗浅色衣物前对下摆、袖口等处的黑色滞渍预处理，使衣物干洗后无黑色残留

这些专用洗涤助剂解决了一些大多数洗衣店未能解决的问题，并成为福奈特系统特有的手段。

2. 德国克施勒（Krcusslcr）去渍剂

克施勒去渍剂一组共有 3 支，详见表 3-8。

表 3-8 德国克施勒（Krcusslcr）去渍剂

去渍剂	功能
克施勒去渍剂 A	用于去除咖啡、茶水、草汁等污渍
克施勒去渍剂 B	用于去除蛋白质、奶制品、血渍、汗渍等污渍
克施勒去渍剂 C	用于去除油脂、油漆、化妆品等污渍

这组去渍剂性质柔和，有利于对衣物的保护，具有较好的安全性，初学去渍的员工相对易于掌握。使用时，要注意给去渍剂留有充分反应的时间，不可操之过急，更不能滴入去渍剂后立即使用喷枪打掉。

3. 德国西施（SEITZ）去渍剂

德国西施（SEITZ）去渍剂包括 7 色瓶装去渍剂，分别用于去除各种不同的污渍，详见表 3-9。

表 3-9 德国西施（SEITZ）去渍剂

去渍剂	功能
西施红色去渍剂（SEITZ·Blutol）	去除鸡蛋、牛奶、血液、巧克力、汗渍等污渍
西施绿色去渍剂（SEITZ·Purasol）	去除油脂、油漆、指甲油、涂料、树脂等污渍
西施蓝色去渍剂（SEITZ·Quickol）	去除化妆品、红墨水、彩色笔、药剂、鞋油等污渍
西施黄色去渍剂（SEITZ·Frankosol）	去除青草、霉斑、油烟、锈垢、啤酒等污渍
西施紫色去渍剂（SEITZ·Lacol）	去除各种油脂、圆珠笔、复写纸、彩色笔、油烟、油脂润滑剂等污渍
西施橙色去渍剂（SEITZ·Cavesol）	去除茶叶、可乐、咖啡、芥末、果汁等污渍
西施棕色去渍剂（SEITZ·Colorsol）	去除各种油脂、残余色渍、涂料、树脂等污渍

西施去渍剂较美国威尔逊公司 Go 系列去渍剂要温和一些，而且可以在这 7 支之间互相套用；但是，仍然有可能发生去渍事故。没有把握的衣物也要进行试验后再进行去渍。

4. 美国威尔逊公司 Go 系列去渍剂

美国威尔逊公司 Go 系列去渍剂包括表 3-10 所列六种。

表 3-10　美国威尔逊公司 Go 系列去渍剂

去渍剂	功能
油性去渍剂（Tar Go）	去除各种油脂、油漆、沥青、指甲油、圆珠笔等污渍
蛋白去渍剂（Qwik Go）	去除鸡蛋、肉汁、汗渍等污渍
鞣酸去渍剂（Bon Go）	去除鞣酸渍等污渍
串染去渍剂（Yellow Go）	用于色渍的漂除
去锈剂（Rust Go）	去除铁锈、铜斑、银迹、定影药水等污渍
白色复原剂（Dro Go）	用于水洗布草后脱灰，提高白度

Go 系列去渍剂具有效力明显、反应迅速等优点；但是，正因为如此，其副作用也特别显著。对于衣物面料和污渍识别不够准确时，常常会适得其反，造成去渍事故。因此，在没有把握的情况下，因使用不当发生事故的概率也会比较高，要特别注意。

三、化学药剂

除了各种专业去渍剂之外，还可以选用某种单一的化学药剂，去除一些已经辨明的污渍。化学药剂可以按其化学基本属性分成五类，详见表 3-11。

单一的化学药剂具有性能稳定、价格低廉、使用范围广等优点。但是对于使用者的要求较高，必须熟知所使用化学药剂的全部性能和全方位的使用要求。在去渍时需要有相当的把握，否则发生事故的概率也比较高。

表 3-11　化学药剂

类别	具体药剂
酸剂	乙酸、草酸、柠檬酸等
碱剂	纯碱、氨水等
氧化剂	含氯漂白剂（次氯酸钙、次氯酸钠、氯漂粉等）、氧化剂（过氧化氢、高锰酸钾、彩漂粉等）
还原剂	连二亚硫酸钠、硫代硫酸钠、亚硫酸氢钠等
有机溶剂	乙醇（酒精）、丙三醇（甘油）、松节油、汽油、乙酸戊酯（香蕉水）、丙酮、四氯化碳等

可以选用的各种化学药剂范围可能还会多一些。由于每一种具体化学药剂都有自己的属性，使用范围和使用方法也各不相同。

第三节　去渍剂的属性及使用

一、去渍剂的属性

由于去渍剂的成分不同，洗衣业的业界人士依照去渍剂的属性把它们分成干性去渍剂和湿性去渍剂两大类，湿性去渍剂又分成碱性去渍剂、中性去渍剂和酸性去渍剂。

1. 干性去渍剂

干性去渍剂的"干性"犹如干洗的概念，是指该去渍剂中不含有水分，也不能和水相溶使用，包括干洗溶剂、各种有机溶剂，如汽油、煤油、松节油、四氯乙烯、四氯化碳、乙酸戊酯（香蕉水）、丙酮等。在一些专业去渍剂中也会含有干性去渍剂，主要由多种有机溶剂复配组成，如西施绿色去渍剂、西施蓝色去渍剂。

干性去渍剂主要用于去除油脂、油漆、沥青、指甲油、树脂等污渍，它完全靠溶解污渍予以去除。干性去渍剂一般挥发性较强，而且在使用和保存过程中要注意防火；使用后应该密封瓶盖，妥善保存。

2. 湿性去渍剂

湿性去渍剂大都是水溶性的药剂或与水相溶的去渍剂。特别是以去除油性污渍为主的一些湿性去渍剂广泛受到欢迎，如福奈特去油剂（红猫）、西施紫色去渍剂、西施棕色去渍剂、威尔逊公司油性去渍剂 Tar Go。

此外，用于去除糖类、蛋白质、鞣酸、天然色素、金属盐等污渍的去渍剂也都是湿性去渍剂。

根据去渍的实际需要，湿性去渍剂可能呈现弱碱性、中性或酸性。

使用化学药剂和表面活性剂作为去渍剂时，它们也都属于湿性去渍剂。根据它们的基本属性可以分成酸性去渍剂、中性去渍剂和碱性去渍剂，其中去渍使用频率最高的是氧化剂和还原剂，我们将在后面的部分分别予以详述。

二、影响去渍效果的因素

1. 纤维组成

不同成分的纤维与相同污渍结合，其牢固程度会有很大差别，对于去渍强度的承受力也会不同；而同一纤维成分的面料对于不同污渍也会有不同的反应。如化学纤维对于去渍的承受力较大，但是与油性污渍的结合牢度也比较强；又如天然纤维容易发生颜色沾染，但与合成纤维面料相比污渍也比较容易去除。

2. 纱线构成

纱线的捻度大小、纱线的不同类型都会使污渍的结合牢度不同，也会使去渍剂发挥作用出现不同。一般规律是纱线捻度高，污渍的结合牢度就较高，去渍难度也较高；反之，纱线疏松的面料，污渍结合牢度则较低，也比较容易去除。

3. 织物组织

织物组织的紧密程度对去渍效果也有非常大的影响，其规律性和纱线捻度类似。也就是，疏松面料比较容易去渍，而紧密性面料则不容易去渍。

4. 纺织品后整理状况

在纱线捻度和织物组织的基础上，纺织品还会有不同的后整理，如上浆、树脂整理、固色整理、阻燃整理、防皱和防缩整理等。这些不同的纺织品后整理方案也会改变污渍的属性以及其与面料结合的情况，从而造成去渍过程的不同适应性。一般而言，经过后整理的纺织品多数会增加去渍的难度。

5. 着色方式

纺织品的着色途径可以有六种方式（原液染色、散纤维染色、毛条染色、染纱后织布染色、坯布染色和坯布印花染色），其中前三种着色方式比较简单，后三种着色方式每种都有许多具体的方法。不同的着色方式会影响纺织品的染色牢度和污渍结合牢度，或影响到面料的去渍承受能力。从染色牢度看，印花和色织面料的染色牢度要比坯布染色面料的染色牢度高；而印花面料的品种繁杂，容易受到某些去渍剂和有机溶剂的影响。

6. 染料品种

不同的染料染色牢度各不相同，因此去渍承受能力也不相同，从而可以选择的去渍方式也就不相同。一般来说，染色牢度较高的面料承受能力较高，反之则较差。如丝绸面料多使用直接染料、碱性染料染色，去渍承受能力必然较差；而使用还原染料染色的一些纯棉面料和大多数合成纤维面料由于染色牢度较高，去渍承受能力也较高。

7. 染料密度

染料密度表示面料上染料含量的高低。面料的颜色有深有浅，但是颜色的深浅并不代表面料上的染料总量。那些颜色深的面料往往染料密度高，因此，这类面料最容易发生去渍掉色。

8. 污渍成分

污渍成分多种多样，不同成分的污渍与面料的结合牢度不同。含有蛋白质、鞣酸、染料等的污渍与面料的结合牢度较高，而那些汗水、尘土和一般性油污与面料的结合牢度则较低。

9. 污渍结合方式

散落的污渍、接触摩擦沾染的污渍大多是物理性结合，那些金属盐污渍大多是化学性结合。因此去渍的方法就要有针对性的差别。

10. 沾染后处理

衣物沾染了污渍以后，如果能够立即进行应急处理，去渍工作就会非常容易。最简单的应急处理是使用清水临时性洗涤一下，甚至仅仅使用清水擦拭一下都会有较好的效果。如果沾染了污渍，不去管它，存放较长时间以后就会成为顽固的污渍。

11. 污渍判断与去渍手段选择

污渍判断不准确，去渍剂的选择就会不正确，后果自然可想而知。因此，如果不能准确判断污渍的属性就要在衣物背角处做试验，以求较为准确的结果，不应该盲目下手。只要污渍判断准确，并能选择合适的去渍剂和去渍方法就意味着成功了一半。

12. 后期处理

去渍后的处理十分重要，其实并无复杂之处，只要把所使用的药剂彻底清洗干净就可以了。但是这个清洗环节十分重要，往往稍微疏忽就可能前功尽弃；有时用含有冰醋酸的水进行清洗会更加保险一些。

三、使用去渍剂需要注意的问题

无论是使用专业去渍剂还是使用化学药剂进行去渍，都需要有效地予以控制。因为任何去渍剂都会有某些方面的副作用，就如同人们服用药物治疗疾病一样，越是具有特效的药物，副作用就可能越大，所以，去渍剂的选择和使用要在以下几个方面予以注意。

1. 去渍范围

所有的去渍剂都有其能力所及的去渍范围，不存在可以解决所有问题的万能去渍剂。专业去渍剂在设计的时候会考虑一些兼容性，但是仅限于同一类型的污渍。比如用于去除色渍的去渍剂主要用于去除染料或天然色素类的污渍，铁锈或中国书画墨汁从表面看也是颜色污渍，然而却不在去除色渍的去渍剂的有效范围之内。

2. 适用对象

任何污渍都是与面料相结合的，所以，去渍剂对于不同面料的作用是必须时刻牢记的。某种去渍剂对于某种面料会有哪些副作用必须掌握，没有把握的一定要进行试验；否则，去渍刚刚开始衣物就受到了损伤。比如氯漂剂不能在丝、毛类纺织品上使用；保险粉一般不能在有颜色的衣物上使用；含有某些有机溶剂的去渍剂不适合在含有醋酸纤维的面料上使用等。

3. 使用条件

相当多的去渍剂是非常有效的，但是一定要符合其使用条件。去渍剂的使用条件是各种因素的综合组合，要从各个方面全面考虑。比如，使用彩漂粉或双氧水可以漂除天然色素类污渍，它们甚至可以在有颜色的衣物上使用。但是其使用条件是要控制一定浓度和要求并在较高温度的水中处理。去渍剂的使用条件与面料纤维的构成、面料的颜色以及衣物的结构有着非常密切的关系，能否承受较高的温度或下水后衣物是否会抽缩是很重要的条件。

4. 温度控制

去渍剂在不同温度下的作用强度是有明显差别的，尤其是各种化学助剂，温度的变化可使药剂的能量作用相差数倍乃至数十倍、上百倍。所以，必须根据去渍剂的温度要求使用，不能随意改变使用温度的要求。

5. 浓度控制

效力明显的去渍剂是最受欢迎的，但越是有效的去渍剂，其副作用就越大。不同药剂所要求的使用浓度相差很大，所以，使用什么样的浓度很重要。不同纤维织造的面料，其药物承受能力也会不同。药物浓度是必须认真控制的因素。

6. 时间控制

去渍剂的反应时间不尽相同，有的立竿见影，如去除铁锈的专用去渍剂，滴上去渍剂立即就可以看到效果；有的则需较长时间的反应过程，如利用西施棕色去渍剂去除颜色污渍时，就必须耐心等待相当长的时间才能有结果；而一些还原剂和氧化剂往往要在使用中观察去渍效果，而且要及时终止处理，否则前功尽弃。因此，时间是要严格控制的条件。

7. 善后处理

无论使用何种去渍剂，去渍效果如何，都要将残留在衣物上的去渍剂彻底清洗干净，才能够认为去渍工作结束。因为去渍剂如果留置在衣物上，经过一定时间大多会对衣物造成严重的伤害，千万不可大意。

第四章
去渍设备和工具

第一节　去渍设备

一、去渍台

去渍台是洗衣企业的专用设备，是具有一定规模的洗衣企业必备的技术设备。配备了各种条件和工具的工作台，统称去渍台。目前，去渍台有两种类型：一种是常见的去渍台，配有负压抽湿工作台、蒸汽喷枪、清水喷枪、高压冷风喷枪；有的还配有皂液喷枪或去渍剂喷枪。另一种是超声波去渍台，配有超声波发生器、去渍枪、负压抽湿工作台以及一些辅助工具等。

多数洗衣企业配备的去渍台是第一种去渍台，这是大多数规范的洗衣企业都会配备的设施。这种去渍台曾被称为万能去渍台。去渍台配有负压抽风，可以把去除下来的各种污渍吸走，也可以把服装局部的水分或药剂抽干；为了保持清洁的工作环境，档次较高的去渍台配有吸附罐；在去渍台上面还配有两支喷枪，一支为高压空气/清水喷枪组合，另一支为高压空气/蒸汽喷枪组合；去渍台还配有相应的灯光照明和摆放去渍剂的位置。

二、去渍台的结构

去渍台是专用于服装去渍操作的设备。在去渍台上能对服装各部位进行检查和去渍处理，去渍台是最常用、最有效的去渍设备。去渍台分为一般去渍台和真空去渍台。一般去渍台有一块玻璃、胶或其他合成物的台面，平直、结实，可以在上面压、打；真空去渍台为一金属网孔区或塑料网孔区，通过真空装置可吸收溶剂及去除的污渍，不必用布来吸收。去渍台示意图如图 4-1 所示。QWT-3 去渍台的规格见表 4-1。

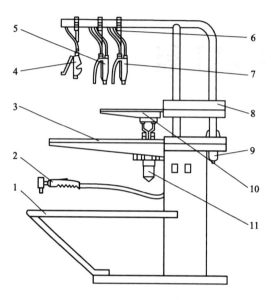

图 4-1　去渍台示意图

1—布套；2—蒸汽喷枪；3—大台网孔板；4—空气喷枪；5，7—去渍液喷枪；
6—挂枪拉簧；8—储物架；9—储液罐；10—小台网孔板；11—空气过滤器

表 4-1　QWT-3 去渍台的技术指标

型号	喷枪数/支	蒸汽压力/MPa	真空泵压力/MPa	清洗液	电动机功率（380V）/kW	外形尺寸/mm	质量/kg
QWT-3	3（进门）	0.3～0.4	0.3～0.4	视油污决定	0.55	920×420×1760	58

注：QWT 为去渍台的汉语拼音首字母。

1. 去渍操作台

去渍操作台分为去渍监视区域和网板真空去渍操作台两部分。要去除污渍，第一步就是对污渍种类进行识别，以便对症下药，以求达到良好的去渍效果；检查沾上污渍的服装纤维种类和污渍种类在去渍监视区域完成。

2. 喷枪

去渍台上的喷枪包括压缩空气喷枪、蒸汽喷枪和去渍液喷枪。

压缩空气喷枪可喷射压缩空气，提供足够的空气给已去渍处理的服装，使其快速干燥；提供足够的空气给服装，以部分去除某些以水基吸附在服装上的污渍。

蒸汽喷枪在去渍过程中可以对污渍及污渍附着的服装形成足够的冲击力和湿润

作用，为去渍剂提供需要的热能，但蒸汽压力可能会使服装变形，蒸汽的速度能够损坏某些织物。当蒸汽的喷出速度较快（含有压缩空气时）且喷枪倾斜进行吹蒸汽或吹干时，细线有可能被迫滑移到其他位置，形成顾客不能接受的深色或浅色区域，这种情况往往是去渍员操作不当造成的。当喷枪距天鹅绒或其他绒面织物太近而进行吹蒸汽或吹干处理时，会在这类织物上留下痕迹，有时还是永久性的；在一些较难整形处理的织物上，喷枪距离太近的吹干处理会引起永久性的光亮区。所以，一定要记住"拇指原则"并且按照如下方法操作：尽量让喷枪像竖起的拇指一样垂直对准去渍位置。

去渍液喷枪可针对面料纤维和不同污渍喷射相应的去渍液；去渍液喷枪必须拉到接近服装大约 0.5cm 处喷射，以便喷出的去渍液能够透过服装面料。

3. 去渍操作臂

去渍操作臂的功能与去渍操作台一样，主要是完成如裤腿、衣袖等部位的污渍处理。

4. 盛衣布套架

盛衣布套架放在用钢管弯成的架子上，用以盛放服装。

5. 储液罐

储液罐用于储放去渍液。

6. 抽湿风机

完成去渍处理后，真空抽湿可以加快服装的干燥速度；通过真空抽湿，可使经处理的服装上残留的去渍剂被吸离，同时也能减少去渍过程中可能留下的环状渍斑。

7. 脚踏开关

脚踏开关有三个，分别控制蒸汽、压缩空气和抽真空。当蒸汽踏板被压下一部分时，从喷枪中喷出的是干蒸汽；当蒸汽踏板被全部压下时，从喷枪中喷出的是湿蒸汽。对于去渍员来说，知道如何选择湿蒸汽和干蒸汽非常有用。干蒸汽对于那些干燥前需要进一步湿润的地方很有用，可以防止圈渍；而湿蒸汽对于快速冲洗掉去渍剂，使部分织物纤维松散以及织物彻底湿润有很大作用。

通常去渍台上还有托盘，托盘上摆放各种去渍剂。各种去渍剂应按其使用的频率摆放，去渍剂大多数以塑料瓶包装，口小，便于使用。去渍剂瓶如图 4-2 所示。表 4-2 为电脑自动去渍烫台的型号和技术参数。

图 4-2　去渍剂瓶

表4-2 电脑自动去渍烫台的型号和技术参数

型号	电动机技术参数	电脑控温/℃	平台电热功率/kW	摇臂电热功率/kW	台面风压/Pa	平台尺寸/mm	摇臂尺寸/mm	质量/kg
JFT-110	220V/380V，0.25kW	常温～120	1.5	0.6	≥150	1100×320	65×95×620	55
JFT-110A	220V/380V，0.25kW	常温～120	1.5	0.6	≥150	1100×320	65×95×620	50

三、去渍台的使用

使用去渍台进行去渍远比单纯手工处理污渍方便、快捷。去渍台的喷枪组合是对服装上的污渍进行柔性机械处理的工具，同时也是对服装进行局部水洗或局部干燥的工具，经过处理的服装可以立即看到处理后的结果。去渍台的使用关键是喷枪的使用。在去渍台上配备的喷枪实际上有三种喷出物，即压缩空气、清水和蒸汽，这三种喷出物都是以一定压力从喷枪口喷出，所以，如何使用喷枪很关键。

影响喷枪工作的因素有四个：

① 喷枪口和服装的距离：喷枪口和服装的距离直接决定喷枪的力量，除了极其细密、牢固的面料以外，都不宜极近距离使用喷枪；较为安全的喷枪距离为 10～15cm，一些结构疏松的面料还应该适当加大喷枪距离。

② 喷枪口与服装的角度：喷枪口与面料的角度和喷枪口与纺织品纹路的角度。一般情况下，喷枪口的方向与面料呈垂直状态，必要时也可以适当偏转成 75° 左右。喷枪气流或水流的方向会影响面料织物结构，为了保护服装在去渍时不致出现损伤要给予足够的注意。对于缎纹组织和疏松结构的面料而言，这一因素显得特别重要。

③ 喷枪对服装连续作用时间：喷枪对服装作用的时间可以有多种选择，既可以连续作用又可以断断续续作用。

④ 喷枪工作的形式：喷枪口在服装的上方可以固定不动，可以反复平移，也可以转动摇摆，还可以变换多种角度。目的是使去渍取得更满意的效果。

第二节　去渍工具

去渍是要求比较细致的工作，需要小心谨慎，细心从事，选择适当的去渍工具很重要。去渍工具大体上有去渍刷、去渍刮板和棉签、布头；此外还需要一些辅助工具，如垫布、喷壶、各种容器等。

一、去渍刷

去渍刷是洗衣业必备的去渍工具，从事干洗或水洗的员工，都需要使用这类工具。

用刷子刷洗在去渍过程中仅仅是一种辅助手段而不是根本方法。用刷子反复敲打可将污渍打散，但使用不当会引起局部破坏，如破洞、变形、出现亮斑等；一般同时使用两把软毛刷，白毛刷用于干性溶剂，黑毛刷用于湿性溶剂；用于丝绸及其他细软织物的毛刷绒头应柔软；每次刷子蘸上一种去渍剂去渍后，应冲洗干净，以不影响下次使用。图 4-3 所示为去渍刷。

根据使用情况的不同，去渍刷可以分成四种不同类型，详见表 4-3。

图 4-3　去渍刷

表 4-3　不同去渍刷的特点与用途

去渍刷的类型	特点与用途
涂抹用去渍刷	用于干洗前在衣物重点污渍处涂抹干洗皂液或干洗枧油的去渍刷。有的直接使用 30～60mm 宽的油漆刷子，也有的使用长柄棕毛刷。基本要求是棕毛要软一些，还要能够比较容易控制含液量
刷拭用去渍刷	刷拭用去渍刷是使用频率最高的、品种也比较多的去渍刷。可以有大、中、小三种不同尺寸规格，刷毛有硬性的锦纶丝型和柔软的鬃毛型两种。刷毛不宜太长，应在 1～1.5cm。在没有配备去渍台的洗衣车间，时刻都离不开它
击打用去渍刷	一种采用敲击手法去渍的专用去渍刷。它的手柄比较粗壮，大多使用硬杂木制作，刷毛短而硬，刷子具有一定重量，以便于敲打。主要用于去除颜料型固体颗粒污渍
摩擦用去渍刷	一种使用方法很特别的去渍刷，刷毛前端要有钝圆的表面，加上磨料（如牙膏）后用于磨除细微的颗粒污渍

去渍刷的鬃毛必须有一个平整的表面。在敲打过程中，去渍刷必须全部接触织物表面，并要让刷子保持平整；敲打过程应短促、轻盈而快速，应使去渍剂始终保持在刷子的下部，然后垂直地上、下敲打织物，使去渍剂始终渗透其周围，成功地发挥功效。去渍刷敲打污渍示意图如图 4-4 所示。

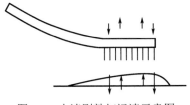

图 4-4　去渍刷敲打污渍示意图

注意一定要加上液体（去渍剂或水）去拍打，记住是液体在发挥作用。用一把干刷子去拍打织物往往会徒劳无益，尤其是对于油漆类污渍。要限制去渍剂的使用量，不要超过其实际需要量。太多去渍剂会延误去渍的时间，而且没有完全去除去渍剂的话将会留下新的污渍。

注意一定要在硬的表面上敲打织物。在毛巾或筛网上敲打织物，将会弄断织物纤维并且使织物表面变粗糙，还有可能损失一些刷子上的液体。有些污渍可能需要较长的去渍时间，较为典型的例子便是发硬的烹饪油。要掌握何种情况下敲打时间较短、何种情况下敲打时间较长，主要凭借经验。

二、刮板

去渍刮板，又称刮片、刮刀，是比各种去渍刷更强有力的去渍工具。去渍刮板一般由骨头、金属或塑料制成，也有用有机玻璃或老竹片制成的，它的一端是像剑头一样的扁平尖，另一端是扁平的钝面，大约长 100mm、宽 20mm、厚 2mm。由于使用刮板时衣物所受到的力量较大，所以多数情况使用扁平圆钝的一面。只有在白色衣物上面才有可能使用剑头的刃面刮除污渍。

为了安全，刮板必须十分光滑，没有任何毛边。图 4-5 所示为刮板。刮板用来软化污渍，使去渍剂更易渗透，所施力量以不损伤织物为准。轻轻握住刮板，然后在污渍处来回轻轻刮动，以使去渍剂深入污渍处。去渍刮板应保持倾斜，以使其光滑的圆角边接触织物。

图 4-5　刮板

对于轻柔的薄织物，施压太大会切断线头；对于厚呢等精纺织物，施压太大则会造成织物发亮。要保持刮板压力适中，刮板压力大，会加速溶解颜料基氧化油渍，如油漆、清漆（凡立水）等。记住：当去渍剂正在发挥作用时，不要将去渍剂从污渍处刮走，应在污渍处来回刮动。

三、毛巾、垫布

毛巾和垫布是吸收剩余水分的必备物品，多用于高档织物的去渍和压薄边缘。

毛巾和垫布可以吸收织物的某些染料，但在使用时一定要检查一下，防止它将上一次所吸收的染料转移到衣物上。类似的吸收物还有纸巾、吸墨纸等。毛巾、垫布如图4-6所示。

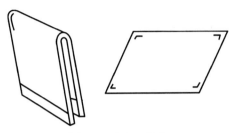

图4-6　毛巾、垫布

四、金属碗

去渍台一般都配有两个不锈钢碗，悬挂在去渍剂的外侧，其中一个应盛装漂洗用的水，并应将一小块海绵放在碗中。由于某些去渍剂会引起染料流失，因此及时冲洗掉去渍剂是十分重要的一步。比如，当碱性去渍剂碰上酸性染料时，在用蒸汽前就应当漂洗净去渍剂，以免造成染料流失，而且还应冲洗掉清洁剂，以免产生泡沫，出现圈渍。这个金属碗中的水也可以为敲打过程提供清洁水源。前面讲过，用干刷子敲击是在浪费时间，碗中应盛满水以便刷子蘸水。注意只蘸湿毛刷部分，甩掉多余的水后敲打；应定期更换碗中的水，避免水中的清洁剂过多。另一个金属碗应用来盛一些预去渍混合物，特别是对于那些没有压力喷雾去渍系统的车间，应根据制造商提出的使用方法来配制这种预去渍混合物。

五、其他辅助工具

① 布头或棉签是很好用而且经常使用的去渍工具。它们具有温和、灵活、容易控制，以及对衣物或面料损伤小等优点。

② 喷壶。可以喷出细腻水雾的喷壶。

③ 容器。大大小小不等的容器等。

第五章
去渍技法与禁忌

第一节　去渍技法

去渍是技术性要求较高的工作，洗染业前辈们积累和总结了许多行之有效的操作方法和技法。去渍台的普及使去渍手段得以进一步提高。具体的去渍技法见表5-1。

表 5-1　去渍技法

去渍技法	简明描述
洗涤法	许多污渍从表面观察不能立刻识别它的成分。实际上，这些污渍很可能以水溶性的污渍为主，尤其是干洗以后的衣物，多数需要采用水洗方法去除污渍（注意：如果衣物总体比较脏，最好先水洗，如有需要再干洗）。有些污渍需要进行重点去除，必要时可以提高温度进行整体处理；但是一定要注意避免发生脱色
点浸法	点浸法是经常使用的采用化学药剂运用化学反应分解污渍的方法。一般直接将去渍剂点浸在污渍处，等待一段时间，让药剂与污渍发生反应。多数情况下，不需要再使用其他工具进行处理了。为防止用药过量或在一些柔软的面料上去渍，还可以使用棉签沾上药剂点浸污渍处
刷拭法	这是传统去渍过程中最常使用的方法。涂抹去渍剂后停留片刻，然后选用合适的去渍刷进行刷拭。它对于干性或黏性的污渍最为适用，但是要特别注意不可过分刷拭，当心面料的染料脱落。对于面料结构比较疏松的纯毛衣物（如粗纺花呢服装、羊毛衫、羊绒衫等），尽量不使用这种方法，以防引起羊毛纤维发生缩绒
刮除法	使用骨制刮板在涂有去渍剂的污渍处刮擦，比使用去渍刷更有效、力度也更大，同时发生去渍过分的概率也更大。有人使用指甲代替刮板，其效果差不多，但是要注意应该避免接触损伤手指皮肤的药物。刮板去渍最常用在白色纺织品上，最好不要用在深色衣物上
喷枪法	在有去渍台的洗衣车间，喷枪是去渍时使用最多的工具，它的适用范围也最宽。大多数污渍经过涂抹去渍剂以后，等待片刻便可以使用喷枪处理。喷枪一般有两种：一种可以喷出清水和压缩空气（冷风），一种可以喷出蒸汽和压缩空气（冷风）。有的去渍台还配有可以喷出预处理剂或去渍剂的喷枪。使用喷枪时，喷枪口与衣物的角度和距离非常重要，需要根据面料和污渍的情况随时调整；不可一味地追求立竿见影的效果而用力过猛，以免伤害衣物

续表

去渍技法	简明描述
浸泡法	一些颜色污渍面积较大时，可以采取浸泡办法处理。使用的去渍剂范围较宽，一般的去渍剂、氧化剂、还原剂或剥色剂等都可以使用；浸泡时间、浸泡温度、液量浴比、操作技法等各不相同。使用时一定要认真选择正确的方法和条件
氧化漂白法	氧化漂白法是使用氧化剂如次氯酸钠、过氧化氢、高锰酸钾等进行漂白的方法。需要注意的是氧化漂白的对象要严格界定，使用条件也要严格控制。一定要因污渍而异，还要因衣物的承受能力而异
还原漂白法	还原漂白法情况和氧化漂白法相类似，注意事项也相同。只是使用的是还原剂，如保险粉，雕白剂等
剥色法	这种方法需要操作人员技术熟练，它是使用福奈特中性洗涤剂在规定条件下对沾染的颜色污渍进行剥除。既能将色渍剥除，又能保护衣物原有色泽。这种去渍方法对于纺织品结构较为疏松者，效果很理想；对于特别细薄、致密的面料去渍则比较困难
敲击法	固体颗粒污渍中极为细小的污渍在常规洗涤之后必然留有残渍，如墨汁、涂料、混有细微金属粉末的机械油黑渍，也就是颜料型污渍。这些污渍可以使用击打去渍刷敲击去除，当然击打力度和击打方式也需要视对象灵活采用
摩擦法	这是一种纯粹的物理方法，对去除细微固体颗粒型污渍比较有效；必要时还可以使用一些摩擦剂，如牙膏等
浸润法	这是针对浅表性颜色损伤的专用去渍法，需要配合福奈特润色恢复剂使用。可以采用浸泡方法，也可以采用喷涂方法。它能够有效解决深色衣物的白霜、白雾现象
综合法	许多污渍使用单一的方法往往不能处理好，常常需要几种方法交替使用才能处理好，也就是综合法。使用时要依照先简后繁、先轻后重的原则进行

第二节　去渍禁忌

去渍是细心认真的工作，既不能粗心大意又不能急于求成。去渍的失败大多数不是因为技术不过关，而是因为缺乏细心认真且平和的心态。所以，去渍工作勤于动脑胜过急于动手。

去渍的过程中往往会由于人们不善于思索而出现差错事故，经常发生的和需要特别注意的就是下面的四种去渍禁忌。

1. 情况不明，盲目下手

不对污渍认真观察分析，不进行必要的试验，甚至只凭想当然的推断就选择某种去渍剂盲目下手进行去渍，或一开始就使用去渍枪猛喷。人们往往还没明白怎么回事，衣物已经出现某些损伤，事故已然发生。

2. 不管不问，轮番上阵

这种情况和第一种情况有些相似，但是结果可能更坏。由于没有认真识别和分析污渍，就不加选择地轮流使用各种去渍剂，完全靠碰运气，于是就有可能使用了性能相反的药剂，不但污渍不能去除，反而导致本来可以轻松去除的污渍最后竟变成了无法去除的"绝症"。

3. 缺乏耐心，急于求成

任何去渍剂，在使用过程中都需要一定的时间与衣物上的污渍发生反应而奏效，有的甚至需要较长的时间才能奏效。涂抹了去渍剂以后立刻使用喷枪打掉，完全不给去渍剂反应的时间，其实是最不明智的做法。这种做法不但于事无补，而且白白浪费许多去渍剂。有的人急于尽快去渍，于是加大去渍力度，用去渍枪猛喷、用去渍刷猛刷、用刮板猛刮，衣物上的污渍有可能去掉了，而面料的颜色也脱掉许多，变得发浅或发白，造成去渍事故。

4. 求全责备，矫枉过正

经过一番努力衣物上的污渍大多数已经去掉，去渍的效果已经显现，但是仍然可能有一些淡淡的残留。如果这时停止去渍，虽然没有达到百分之百去渍效果，但是还不致使衣物损坏，衣物本身还有使用价值；如果这时做出错误的判断继续去渍，往往就会发生损坏底色或纤维的情况。虽然出发点是好的，但是结果走到了反面，去渍者成了衣物的损坏者，其实反而得不偿失。

第六章
油性污渍及其去除

服装上的油污是最为常见的污渍，不同服装的不同油污，其基本属性是有差别的。使用同样的方法去除不同的油污，往往效果相差很多。人们力求使用较为简单的方法去除不同的油污，但是，针对性强的去除污渍仍然是去渍技术的主要途径。为此，本章专门讨论油性污渍的去除问题。

第一节　油性污渍概述

1. 油性污渍的范围

在各种不同类型的污渍中，油性污渍是主要污渍。人们发明干洗技术就是为了解决油性污渍的有效去除。在没有干洗技术之前，所有的油性污渍都是靠水洗来去除的，当然也有很多油性污渍不能通过水洗洗净。油性污渍的范围主要有：油脂性污渍、胶类和胶黏剂类污渍、蜡质类污渍、树脂类污渍和油性复合污渍五类。详见表6-1。

表6-1　油性污渍的范围

类型	描述
油脂性污渍	含有动物油脂、植物油脂和人体皮脂的污渍，含有石油产品类的油脂性污渍。如各种食品、化妆品、石油产品、润滑剂等污渍
胶类、胶黏剂类污渍	以各种胶原蛋白为主要成分的食物类污渍，含有天然橡胶成分的胶黏剂污渍，各种合成胶黏剂形成的污渍。如各种皮胶、骨胶、胶水，各种化学黏合剂，口香糖，不干胶等污渍
蜡质类污渍	含有各种石蜡、蜂蜡、硬脂酸等成分的产品所形成的污渍。如蜡油、油墨、复写蜡纸、化妆品等污渍

类型	描述
树脂类污渍	含有各种合成树脂成分的污渍。如清漆、油漆、某些涂料、指甲油、万能胶、玻璃胶等污渍
油性复合污渍	沾染在衣物上的单纯性油性污渍较少，大多数是复合型污渍。如食物类油性污渍含有各种色素、糖类、盐分、蛋白质等；化妆品类油性污渍含有色素、蜡质物质、氨基酸等；交通工具类油性污渍多半含有金属粉末等

本节油性污渍的去除主要就是讲述上述油脂性污渍和油性复合污渍的去除，也就是衣物上常见的各类日常油性污渍的去除。由于油性污渍种类不同，被沾染衣物的面料不同以及面料颜色不同，去除的方法也就不同。

2. 油性污渍的类型

油性污渍的类型主要有：人体皮脂污渍、食物油脂复合污渍和化妆品油脂污渍。详见表 6-2。

表 6-2　油性污渍的类型

油性污渍的类型	描述
人体皮脂污渍	人体皮脂是普遍存在的油性污渍，大多数能在常规洗涤中洗净。真正能够在衣物上形成污渍的人体皮脂不多，只有少数年轻人的衣物上可能有这类污渍，大多数存在于夏季贴身服装的领口、袖口以及背部
食物油脂复合污渍	这是最普遍的油性污渍，大多数衣物上的污渍都可能是这类油性污渍。这类污渍多半含有其他成分，如色素、糖类、盐分、蛋白质等。刚沾染上的这类污渍比较容易去除，陈旧性的这类污渍会增加去除的困难程度，因此在去除时要区别对待
化妆品油脂污渍	很多化妆品含有油脂，但是化妆品类油性污渍的油性特点并不特别突出，其中更多的是色素或蜡质物质等。因此由化妆品形成的油性污渍一般不会特别严重

3. 油性污渍的特点

（1）单纯性油脂污渍极少，实际多以复合油性污渍为主　把油脂直接遗洒或涂抹在衣物上，形成油性污渍的单纯污渍是极少的，大多数是含有各种成分的复合型污渍。因此，要根据所含有的其他成分来设定去除油性污渍的方法，也就是去渍方法要有针对性。如果是单纯性油性污渍采用溶剂去除是比较简单的，如果是混合型油性污渍就应该采用复合型去渍剂去除。

（2）油脂与颜色共存　所有的油性污渍都会表现出不同颜色，有的是油脂本身的颜色（大多数是黄色的），有的是混合或溶解在油脂里的其他色素（如酱油、辣椒、番茄酱、虾油等）。去除油性污渍时，要同时考虑去除这些不同的色素。

（3）去渍的时机关系重大 由于油脂性污渍沾染在纺织品上以后，会继续受到空气、阳光等环境因素的影响，逐渐氧化。因此，衣物上的油性污渍存留时间越久，去除起来就越困难，而在洗涤前去渍要比洗涤后去渍更为有利；尤其是去除经过干洗后的油性污渍，其困难程度要比干洗前相差很多。含有色素的油性污渍经过干洗后，色素与纤维的结合牢度就会加强，甚至成为不能彻底去除的"绝症"。因此，在什么时机进行去渍，关系到事倍功半还是事半功倍。

（4）纤维成分决定污渍的结合牢度 衣物面料的不同纤维成分决定着油性污渍与衣物的结合牢度。疏油性纤维（也就是亲水性纤维）如棉纤维、麻纤维、丝纤维、毛纤维以及黏胶纤维等面料沾染了油性污渍，相比而言是比较容易去除的；而亲油性纤维如锦纶、涤纶、腈纶、醋酸纤维等面料沾染了油性污渍则比较难去除。

（5）面料的染料种类影响去渍结果 市场上的各种面料多达数万种，而所使用的具体染料品种也有上千种。由不同的染料染色或印花的纺织品，其染色牢度自然也不尽相同，有的面料染色牢度等级较高，有的面料染色牢度等级则较低。那些染色牢度等级较低的面料在去渍时承受能力一般比较差。因此，面料使用了什么染料会直接影响去渍结果。那些染色牢度较高的面料去渍结果会好一些，染色牢度低的面料往往在去渍过程中伤及面料上的染料，造成去渍后原有污渍处发白（如各种真丝面料）。

4. 油性污渍的识别

油性污渍迹可以从四个方面（油性污渍的位置、颜色、形态和面料的纤维组成）来识别，详见表6-3。

表6-3 油性污渍的识别

识别角度	具体识别
从油性污渍的位置分析、判断	通过油性污渍所处的位置可以判断其种类，如衬衫、T恤领部、袖口、背部等处的油性污渍多数是人体皮脂
从油性污渍的颜色分析、判断	各种不同的黄色油性污渍多数是菜肴汤汁造成的；红褐色油性污渍多数含有动、植物色素；而灰黑色油性污渍大多数含有灰尘或金属粉末；油性彩色笔的污渍颜色可能多种多样；而那些没有特殊颜色仅仅比衣物面料颜色略深的污渍多半是以油脂性污渍为主的等
从油性污渍的形态分析、判断	油性污渍大体上有两种形态：一种是斑点状，这种多数是散落的菜肴汤汁等污渍；另一种是条形，大多是接触、摩擦或刷蹭的污渍。刷蹭的油性污渍结合牢度较高，往往含有不溶性颗粒状污垢或金属粉末，比较难于彻底去除
从面料的纤维组成分析、判断	由于浅层次的油性污渍一般不会成为油性污渍，通过水洗或干洗就可以洗净。能够成为油性污渍的都是渗透到纱线或纤维内部的油性污渍。因此同类油性污渍沾染到不同纤维上，去除的难易就有很大差别。亲水性纤维织物上的油性污渍容易去除；合成纤维织物亲油性较强，油性污渍就不容易去除；而超细纤维（合成纤维）织物上的油性污渍往往是最顽固的油性污渍

第二节　油性污渍的去除

一、油性污渍的去除方案

根据以上的分类、分析与判断，需要采取分门别类、区别对待的方法去除常见油性污渍，也就是采取"一把钥匙开一把锁"的办法处理，才能够安全、迅速、有效地去除油性污渍。为此，分门别类地把不同的油性污渍的去除方案介绍如下：

① 先水洗，后干洗去除油性污渍。

② 使用溶剂汽油去除油性污渍。

③ 使用福奈特去油剂（红猫）去除油性污渍。

④ 使用西施紫色去渍剂去除油性污渍。

⑤ 使用克施勒去渍剂 C 去除油性污渍。

⑥ 使用福奈特中性洗涤剂去除油性污渍。

⑦ 使用威尔逊公司油性去渍剂 Tar Go 去除油性污渍。

⑧ 高温强碱性洗涤去除油性污渍。

⑨ 使用四氯乙烯去除油性污渍。

二、油性污渍的去除方法

根据上述油性污渍的去除方案，可以拟定各种方案的去除方法，具体见表 6-4。

表 6-4　油性污渍的去除方法

油性污渍去除方案	适用衣物和面料	适用油性污渍	使用条件	使用方法	注意事项
先水洗，后干洗去除油性污渍	① 可以水洗的浅色纯棉面料、浅色麻纺面料、浅色涤棉面料（或浅色印花条格面料）的休闲长裤、夹克、风衣等；② 各种混纺面料的休闲服装、运动服装等；③ 上述衣物的面料不应该带有树脂涂层，同时应该确认衣物面料不是溶剂型浆料印花或以印代染的面料	油性污渍面积较大或较为顽固的食物油性污渍、化妆品类油性污渍、单纯性油性污渍等	由于面料颜色的染色牢度不高，去渍时非常容易造成脱色。因此，处理这类衣物要求具有较高的去渍技术。为了防止发生去渍脱色，规避去渍程序，不采用去渍方法去渍，而改为干洗去渍	① 首先对衣物进行常规水洗，原有油性污渍不进行任何专门处理；② 衣物晾干后，进行干洗	① 水洗前不要对油性污渍进行专门处理；② 干洗前不宜涂抹皂液、枧油等（干洗助剂）进行预处理；③ 可于干洗时在干洗机中加入适量强洗剂；④ 这种去除油性污渍的方法比较简单、安全，但是成本相对较高

续表

油性污渍去除方案	适用衣物和面料	适用油性污渍	使用条件	使用方法	注意事项
使用溶剂汽油去除油性污渍	① 经过水洗后的较深颜色的纯棉、涤棉类面料（或较深颜色的印花、条格面料）的各种衣物； ② 溶剂型印花面料或以印代染的单色面料制成的衣物，不能进行干洗，也不能使用某些去渍剂（如福奈特去油剂、西施紫色、棕色去渍剂）进行去渍； ③ 衣物的某些配件不适合干洗，而水洗后一些油性污渍不净； ④ 经过水洗后一些带有涂层的面料的油性污渍未能彻底洗净； ⑤ 浅色（包括浅色印花和浅色条格）丝绸面料衣物水洗后一些油性污渍不净	① 水洗后衣物上的单纯性油性污渍； ② 水洗后衣物上残存的食物类油性污渍； ③ 水洗后衣物上残存的石油类油性污渍	① 基本上不含有色素的油性污渍或含有较少色素的油性污渍； ② 油性污渍的面积不是特别大	① 用于一般没有涂层的面料： a.将衣物翻转，把油性污渍正面朝下； b.在油性污渍下面垫好吸附材料（洁净废布或卫生纸）； c.先使用废布头沾上少量溶剂汽油沿油性污渍外围淡淡地浸润，再适当加大溶剂汽油用量逐渐向油性污渍中心部位浸润； e.更换所垫的吸附材料，重复上述操作1～2次即可； ② 用于带有涂层的面料： a.准备一些洁净废布盖在油性污渍处； b.用洁净废布头蘸上少量溶剂汽油，隔着洁净废布头擦拭油性污渍； c.更换所垫的洁净废布，逐渐加大溶剂汽油用量，重复上述操作； d.等待溶剂汽油挥发后观察油性污渍去除情况，如果不彻底，还可以重复上述去渍操作	① 一般面料一定要从背面进行去渍操作，油性污渍下面必须垫好吸附材料；油性污渍溶解后要及时更换吸附材料； ② 带有涂层的面料一定要垫好洁净废布进行去渍操作，开始擦拭或涂抹溶剂汽油时，用量不可多；擦拭要从污渍的外围逐渐到中心部位； ④ 油性污渍中含有较多色素污渍时，不宜采用这种方法； ⑤ 使用高标号汽油必须选择通风、宽敞的场地，必须远离易燃物和烛火。使用后要妥善保存溶剂汽油，残余的溶剂汽油不可随意倾倒
使用福奈特去油剂（红猫）去除油性污渍	① 各种颜色（包括印花、条格面料）的纯棉、涤棉、纯毛、毛涤面料的衬衫、T恤、上衣、裤子、裙子、夹克等； ② 各种颜色纯毛、毛混纺的羊毛衫、羊绒衫等； ③ 羽绒服、防寒服类	① 含有蛋白质、糖类、色素等各种食物类油性污渍； ② 各种化妆品类油性污渍； ③ 各种矿物油脂类油性污渍； ④ 不太严重的油墨、油漆、沥青类油性污渍	① 适用于水洗或干洗前的油性污渍预处理； ② 一般油性污渍滴入福奈特去油剂（红猫）静置3～5min后可直接进行洗涤； ③ 较为严重的油性污渍滴入福奈特去油剂（红猫）后可以在去渍台进行处理或经过手工揉搓后进行洗涤	① 用于洗涤一般衣物： a.在油性污渍处滴入福奈特去油剂（红猫）静置3～5min后备用； b.将上述衣物投入含有洗涤剂的洗涤液中进行手工洗涤或水洗机洗涤； c.如果干洗时，应在去渍台上将去渍剂和油性污渍清理后再装机。 ② 用于水洗羊毛衫、羊绒衫： a.在羊毛衫、羊绒衫的油性污渍处滴入福奈特去油剂（红猫）静置3～5min后备用； b.手工轻柔地揉搓油性污渍处几次； c.投入含有中性洗涤剂的洗涤液中手工洗涤	① 不可用于醋酸纤维面料和含有醋酸纤维的面料； ② 用于100%锦纶面料时，使用后不可较长时间留置，应立即把残余去渍剂清洗干净； ③ 宜用于带有树脂涂层的面料，不可用于去除以印代染面料的油性污渍

续表

油性污渍去除方案	适用衣物和面料	适用油性污渍	使用条件	使用方法	注意事项
使用西施紫色去渍剂去除油性污渍	① 各种颜色纯毛、毛涤面料的上衣、裤子、裙子、夹克等；② 各种颜色纯毛、毛混纺的羊毛衫、羊绒衫等；③ 羽绒服、防寒服类	① 含有各种蛋白质、糖类、色素等的各种食物类油性污渍；② 各种化妆品类油性污渍；③ 各种矿物油脂类油性污渍；④ 不太严重的油墨、油漆、沥青类油性污渍	① 适用于水洗或干洗前的油性污渍预处理；② 滴入西施紫色去渍剂静置片刻后，在去渍台上将去渍剂和油性污渍清理干净，然后进行洗涤	方法1：① 在油性污渍处滴入西施紫色去渍剂静置3～5min后备用；② 将上述衣物投入含有洗涤剂的洗涤液中进行手工洗涤或水洗机洗涤；③ 如果干洗时，应在去渍台上将去渍剂以及油性污渍清理后再装机。方法2：① 在羊毛衫、羊绒衫的油性污渍处滴入西施紫色去渍剂静置3～5min后备用；② 手工轻柔地揉搓油性污渍处几次；③ 投入含有中性洗涤剂的洗涤液中手工洗涤	① 不可用于醋酸纤维面料和含有醋酸纤维的面料；② 用于100%锦纶面料时，使用后不可较长时间留置，应立即把残余去渍剂清洗干净；③ 不宜用于带有树脂涂层的面料，不可用于去除以印代染面料的油性污渍
使用克施勒去渍剂C去除油性污渍	可以用于各种纺织纤维织造的面料。① 各种颜色纯毛、毛涤面料的上衣、裤子、裙子、夹克等；② 各种颜色纯毛、毛混纺的羊毛衫、羊绒衫等；③ 羽绒服、防寒服类	① 含有蛋白质、糖类、色素等的各种食物类油性污渍；② 各种化妆品类油性污渍；③ 各种矿物油脂类油性污渍；④ 不太严重的油墨、油漆、沥青类油性污渍	① 适用于水洗或干洗前的油性污渍预处理；② 滴入克施勒去渍剂C静置片刻后，再去渍台上将油性污渍清理干净，然后进行洗涤	① 干洗前或水洗前使用；② 在油性污渍处滴入克施勒去渍剂C静置片刻；③ 交替使用去渍清水喷枪和冷风喷枪将污渍与去渍剂清除干净；④ 进入洗涤程序	① 本去渍剂不适于在洗涤后使用；② 使用克施勒去渍剂C后，应彻底清除再进行洗涤；③ 处理严重油性污渍，滴入去渍剂后可适当延长停放时间
使用福奈特中性洗涤剂去除油性污渍	① 适合带有涂层面料的衣物沾染较多的油性污渍时；不适合干洗或使用专门用于去除油性污渍的去渍剂面料，如福奈特去油剂（红猫）、西施紫色、棕色去渍剂；② 在水洗前用于处理羊毛衫、羊绒衫上不太严重的油性污渍斑点	① 含有各种蛋白质、糖类、色素等的各种食物类油性污渍；② 各种化妆品类油性污渍；③ 各种矿物油脂类油性污渍	① 去除水洗较浅颜色带有涂层面料制作的各种衣物油性污渍；② 手工处理羊毛衫、羊绒衫上不太严重的油性污渍斑点	① 用于处理带有涂层面料衣物的油性污渍：a.水洗前，将福奈特中性洗涤剂直接涂抹在油性污渍处静置；b.静置4～5min后投入含有洗涤剂的洗涤液中进行洗涤；② 用于处理羊毛衫、羊绒衫上不太严重的油性污渍斑点：a.水洗前将福奈特中性洗涤剂直接滴入油性污渍斑点处；b.静置片刻后手工轻柔地揉搓处理；c.揉搓处理后投入含有洗涤剂的洗涤液中进行洗涤	① 用于去除带有涂层面料衣物的油性污渍时，不宜提高洗涤温度；② 用于去除羊毛衫、羊绒衫的油性污渍斑点时，不可静置时间过长，处理后应立即进行连续操作，顺序完成洗涤、漂洗、酸洗、柔软整理、脱水等过程

续表

油性污渍去除方案	适用衣物和面料	适用油性污渍	使用条件	使用方法	注意事项
使用威尔逊公司油性去渍剂 Tar Go 去除油性污渍	① 各种颜色纯毛、毛涤面料的上衣、裤子、裙子、夹克等；② 各种颜色纯毛、毛混纺的羊毛衫、羊绒衫等；③ 羽绒服、防寒服类	① 含有各种蛋白质、糖类、色素等的各种食物类油性污渍；② 各种化妆品类油性污渍；③ 各种矿物油脂类油性污渍；④ 含有油墨、油漆、沥青类油性污渍	① 适用于水洗或干洗前的油性污渍预处理；② 滴入 Tar Go 静置片刻后，在去渍台上将去渍剂和油性污渍清理干净，然后进行洗涤	方法1：① 在油性污渍处滴入 Tar Go 静置 3～5min 后备用；② 将上述衣物投入含有洗涤剂的洗涤液中进行手工洗涤或水洗机洗涤；③ 如果干洗时，应在去渍台上将去渍剂以及油性污渍清理后再装机。方法2：① 在羊毛衫、羊绒衫的油性污渍处滴入 Tar Go 静置 3～5min 后备用；② 手工轻柔地揉搓油性污渍处几次；③ 投入含有中性洗涤剂的洗涤液中手工洗涤	① 不可用于醋酸纤维面料和含有醋酸纤维的面料；② 用于 100% 锦纶面料时，使用后不可较长时间留置，应立即把残余去渍剂清洗干净；③ 不宜用于带有树脂涂层的面料，不可用于去除以印代染面料的油性污渍
高温强碱性洗涤去除油性污渍	① 用于水洗洗涤白色或浅色餐饮业台布、口布、围裙等；② 用于水洗洗涤以油性污渍为主的白色或浅色工作服	① 各种食物类油性污渍；② 各种石油产品的油性污渍；③ 其他油性污渍	① 衣物的面料能够承受较高洗涤温度和较强碱性洗涤环境；② 衣物结构较简单，无其他配件以及装饰物	① 水洗白色工作服洗涤工艺条件（洗涤温度：80～95℃，洗涤时间：12～18min，强力洗涤剂 1～2g/L）；② 加入福奈特中性洗涤剂 1g 每升水；③ 加入双氧水 0.5～1g 每升水	① 高温强碱性洗涤去渍方案不可用于其他衣物；② 必须进行充分漂洗和中和残碱
使用四氯乙烯去除油性污渍	① 各种纤维织造的服装面料；② 各种素色、印花、条格面料；③ 不适用于带有涂层的面料；④ 不适用于红色、紫色、棕色系列纯桑蚕丝面料	① 经过水洗洗涤后，衣物上残留的油脂性污渍；② 未经过干洗的服装上的油性污渍	① 采用从背面进行手工处理的方法；② 使用去渍台或垫衬吸附材料转移油性污渍	① 将衣物翻转，把油性污渍正面朝下；② 在去渍台上进行处理或在油性污渍下面垫好吸附材料（洁净废布或卫生纸）手工处理；③ 先使用废布头沾上少量四氯乙烯沿油性污渍外围淡淡地浸润；④ 再适当加大四氯乙烯用量，逐渐向油性污渍中心部位浸润；⑤ 更换所垫的吸附材料，重复上述操作 1～2 次即可；⑥ 在去渍台上处理时要自外向内浸润四氯乙烯，确保溶解的油性污渍不扩散	①工作环境应该保持通风；②不适宜大面积油性污渍的处理

第七章
颜色污渍及其去除

颜色污渍是衣物上最常见的污渍，而去除颜色污渍往往是最不容易获得满意效果的。那些能够把不同衣物上的颜色污渍圆满、彻底去除的洗染业人员，才是真正的技术高手。为此，把颜色污渍的去除作为专题进行讨论。

第一节　颜色污渍概述

一、颜色污渍的范围和类型

人们发现，服装上有污渍的第一印象就是颜色不一样，服装上所有的污渍都会表现出与服装本身颜色不同的特性。因此，可以把所有污渍都归结为颜色污渍。如果污渍在服装上没有表现出它自己的颜色，就可以认为这件服装是干净的，也就是没有污渍。但是，事实上许多污渍虽然表现出一些颜色，但是它们并非就是颜色污渍。如不同金属形成的锈迹；某些蛋白质本身其实是无色的，而沾染到服装上就会成为有颜色的污渍；服装上的糖渍会表现出比周围深的颜色，但实际上它基本上是无色的；等等。

此外，还有一些不是颜色污渍但是表现为颜色污渍的污渍，它们无需按照去除色渍的方法处理，也能获得较好的效果。如沾染在服装上单纯的油渍，由于洗涤剂漂洗不彻底造成的黄渍，等等。

真正属于颜色污渍的主要有三类：天然色素类颜色污渍、合成染料类颜色污渍和不能溶解的细微颗粒污渍形成的颜色污渍。详见表 7-1。

二、颜色污渍的属性与特点

1. 单纯性颜色污渍是主要方面

在各种颜色污渍中单纯性颜色污渍是最多的，如由服装掉色形成的串色、搭色和洇色都由不同的染料成分造成；食品、青草、水果、蔬菜一类造成的颜色污渍的主要成分是植物性色素；由文化用品类（如水彩笔、彩色墨水等）造成的颜色污渍，属于各种染料的颜色污渍；等等。

表 7-1　颜色污渍类型

类型	描述
天然色素类颜色污渍	由动植物色素形成的颜色污渍，如人体排出物、各种菜肴汤汁、果汁、蔬菜汁、青草汁、茶水、咖啡、可乐等形成的污渍等
合成染料类颜色污渍	由于某些服装在洗涤过程中面料、里料或配件掉色，所脱落的染料沾到其他服装上，从而造成串色、搭色、洇色等情况（在讲述污渍的章节中已有叙述）。这种类型颜色污渍的主要成分是合成染料
不能溶解的细微颗粒污渍形成的颜色污渍	由灰尘、粉末以及各种细屑等极其细微的固体颗粒所形成的颜色污渍，如皮鞋油中的炭黑粉末、机械机构转动时通过研磨产生的金属粉末、绘画颜料类的各种颜色粉末以及各种颜色的涂料等

2. 与其他污渍相混合的颜色污渍要分别处理

在颜色污渍中，食物类和化妆品类的颜色污渍大多数含有其他成分，如油脂、蜡质、鞣酸、糖类以及蛋白质等。去除这类颜色污渍必须先考虑其他成分的处理（如先经过水洗洗涤），再进行颜色污渍的去除。

3. 最为复杂的颜色污渍是黄渍

在颜色污渍中黄渍的比例最高，也是最为复杂的，而且往往许多黄渍是说不清楚的。除了天然色素中的黄色污渍和染料类的黄色污渍以外，在黄色污渍中有许多是非颜色型的，如未能漂洗干净的洗涤剂残余、风化性的黄渍、氯漂后的少量残留等。

4. 细微颗粒污渍形成的颜色污渍是最顽固的

颜色污渍中，由细微颗粒污垢形成的颜色污渍往往是最顽固的。当固体颗粒污垢的颗粒度小于 $5\mu m$ 时，就有可能进入纤维中间或嵌在纤维上，成为非常难于彻底洗净的顽固污渍。如各种颜料类颜色污渍、细微金属粉末颜色污渍、某些涂料类颜色污渍等。

5. 保护衣物原有底色是去除颜色污渍的前提

去除颜色污渍的途径有三种：利用氧化剂或还原剂进行漂色把颜色污渍去除；利用物理、化学手段的剥色方法剥除颜色污渍和采用单纯的物理方法去除服装上的颜色污渍。详见表 7-2。

总之，去渍的前提是不能损伤衣物原有颜色。把 99%的颜色污渍去除干净，仅仅留下一点点残余，可能还不够满意，此时去渍操作还是取得了很好的效果，成绩是主要的。但是，去渍的结果只要超过了100%，那就意味着原有面料的颜色受到了损伤，就转化为去渍事故，此时不但没有成绩，而且人们要承担差错事故的责任。

因此，去除颜色污渍过程中，一要尽可能准确地识别判断；二要选择合适的去除方案；三是没有把握的一定要先进行试验。

表 7-2　去除颜色污渍的途径

去除颜色污渍的途径	特点与应用
利用氧化剂或还原剂进行漂色把颜色污渍去除	该法最大的风险是衣物原有底色会同时受到损伤，使衣物原有颜色变浅；而白色衣物是这种方法的最大受惠者。对于不是白色的衣物，为了尽可能减少衣物原有颜色变浅的程度，要充分利用颜色污渍与面料染色之间的染色牢度差异，严格控制氧化剂或还原剂的使用浓度、使用条件和使用方法，以达到尽可能在保护原有衣物颜色的前提下去除颜色污渍的目的
利用物理、化学手段的剥色方法剥除颜色污渍	采用多种表面活性剂、有机溶剂相互配合的手段，利用颜色污渍与面料染色之间的染色牢度差异，有效控制浓度、时间、温度、技法等作用条件，把颜色污渍去除掉，而且基本上不会伤及原有面料底色。使用这种方法去除颜色污渍时，其实对原有面料的颜色可能仍然有一些影响
采用单纯的物理方法去除服装上的颜色污渍	该法只对极少数颜色污渍有效，使用的对象主要是白色衣物。也就是使用去渍刮板、去渍喷枪或摩擦剂（如牙膏）等，把沾染在白色衣物上的一些颜色污渍去掉。对于那些非白色面料的衣物，这种方法必须慎重使用

三、颜色污渍的识别

颜色污渍可以根据不同角度进行识别，详见表 7-3。

表 7-3　颜色污渍的识别

颜色污渍的识别角度	描述
根据颜色污渍颜色进行分析判断	既然是颜色污渍，各种颜色都有可能出现。各种较为鲜艳的颜色常常可能是串色、搭色和洇色造成的，也有可能是文化用品的彩色沾染的，如浓重的蓝色大多是蓝墨水或圆珠笔迹造成的，各种黄色或黄棕色大多是菜肴汤汁或饮料类颜色污渍造成的，等等
根据颜色污渍位置进行分析判断	颜色污渍的位置比油性污渍的位置更为复杂，除了服装的前身以外，袖子、裤腿等处都有可能沾染颜色污渍。这些部位的颜色污渍多数是食品类颜色、饮料类颜色、文化用品的颜色等，这种规律在儿童服装上表现得更为充分。领子、肩头、腋下的颜色污渍往往以人体分泌物或化妆品居多
根据颜色污渍形状进行分析判断	服装在穿着时沾染上的颜色污渍，多数是斑点状或条状，面积不会特别大；而在服装存放、堆置、洗涤过程中沾染的颜色污渍，其形状则没有什么规律，各种形状都可能有
根据触摸颜色污渍的状态进行分析判断	颜色污渍大多数表面没有任何残留物，手触摸一般不会感到有多余的东西。如果穿着者遗洒了食物或出现了呕吐等情况，服装上就会有一些残留物。那些受到外伤者，服装上的血渍除了颜色以外也会留有残留物

四、颜色污渍的去除原则

① 去除颜色污渍的基本原则是要对衣物进行整体处理。由于去除颜色污渍时常常使用不同的氧化剂和还原剂，如果采用局部处理非常容易造成色差，因此，除了极个别情况外，去除颜色污渍都应该进行整体处理。

② 除了某些因串色造成的颜色污渍有时可以使用洗衣机处理以外，去除颜色污渍的操作主要以手工为主。一方面由于多数处理操作时间较短，而且不适宜停顿；

另一方面手工操作易于监控各种使用条件和处理结果，以便及时终止处理，继续下一步操作。

③ 严格控制去除颜色污渍时所要求的各种条件，如药剂浓度、处理温度、处理时间以及浴比、pH 值等，不可任意改变处理的强度。

④ 去渍后彻底清洗残余药剂是非常重要的，尤其是要求进行酸洗、脱氯的，绝不可随意减少或舍弃。

⑤ 不能准确判断或没有把握的处理方案，一定要先通过废旧衣物或衣角进行试验，然后操作。不可盲目下手。

第二节　颜色污渍的去除

一、颜色污渍的去除方案

下面是采用不同药剂进行针对性去除颜色污渍的方案，共计 17 则，这些具体方案都是相对比较成熟的去渍方案，但是这些去渍方案并不能把各种颜色污渍全部包括在内。这些方案具有强烈的针对性，因此并不适合随意、由此及彼地扩大使用范围。当超出所限定范围的时候，一定要根据服装面料的纤维组成、纱线构成、织物组织、染色情况、服装结构等因素进行分析、判断，才可以变通处理。

去除颜色污渍的方案可以根据具体织物种类选择，见表 7-4。

表 7-4　去除颜色污渍的方案

去除颜色污渍的方案	子方案
氯漂剂去除颜色污渍	① 氯漂剂漂除白色衣物的颜色污渍； ② 微量控制氯漂剂去除有色衣物的搭色或串色； ③ 氯漂剂漂除白色衣物的顽固色斑
氧漂剂（双氧水、彩漂粉）去除颜色污渍	① 双氧水漂除有色衣物的串色和洇色； ② 双氧水漂除印花及色织面料洇色； ③ 双氧水漂除天然色素颜色污渍（热处理）； ④ 双氧水去除天然色素色斑（冷处理）； ⑤ 双氧水去除白色衣物的顽固色斑
保险粉漂除颜色污渍	① 保险粉漂除白色衣物的颜色污渍； ② 保险粉漂除印花及色织面料的洇色、串色； ③ 保险粉漂除羊毛垫子、白色毛被的退行性黄色； ④ 保险粉去除白色衣物的顽固色斑
福奈特中性洗涤剂剥色剥除颜色污渍	① 福奈特中性洗涤剂剥除羊毛衫、羊绒衫的串色、搭色； ② 福奈特中性洗涤剂剥除纯棉衣物的串色、搭色； ③ 福奈特中性洗涤剂剥除真丝衣物的串色、搭色
去渍剂去除小范围颜色污渍	① 西施棕色去渍剂去除小范围颜色污渍； ② 福奈特去油剂（红猫）去除油溶色素

二、氯漂剂去除颜色污渍

氯漂剂去除颜色污渍有三种方案：氯漂剂漂除白色衣物的颜色污渍、微量控制氯漂剂去除有色衣物的搭色或串色和氯漂剂漂除白色衣物的顽固色斑。详见表 7-5 和表 7-6。

表 7-5　氯漂剂漂除白色衣物的颜色污渍

适用衣物面料的范围	① 衣物的纤维组成应该是棉、麻、黏胶以及合成纤维； ② 衣物的原有颜色应该是漂白色（不包括本白色或极浅的其他颜色）； ③ 混纺面料的成分中不能含有蚕丝和毛纤维	
适用衣物实例	① 白色棉、麻、棉麻混纺衬衫、T恤、裤子、裙子、夹克、风衣、运动服、中小学生校服等； ② 白色卧具，家居用品，窗帘，垫套等	
适用颜色污渍的范围	① 由于其他衣物掉色形成的串色或搭色； ② 各种天然色素污渍（不包括各种金属离子色素、锈迹）	
去除方案	方法 1：低温漂白法 ① 将衣物洗涤干净； ② 使用桶类容器，准备室温清水，浴比（1∶15）～（1∶20）； ③ 加入液体次氯酸钠 40～60mL，搅匀； ④ 将被漂衣物在桶中拎洗 5～10 次，然后没入水中； ⑤ 浸泡 2～3min； ⑥ 重复上述操作 3～5 次； ⑦ 观察漂白情况，颜色污渍清除后立即停止漂色，脱水后进行漂洗； ⑧ 漂洗 1：室温清水，浴比（1∶15）～（1∶20）；拎洗 5～8 次； ⑨ 漂洗 2：室温清水，浴比（1∶15）～（1∶20）；拎洗 5～8 次； ⑩ 漂洗 3：室温清水，浴比（1∶15）～（1∶20）；拎洗 5～8 次； ⑪ 脱氯：室温清水，浴比 1∶10；加入硫代硫酸钠 2～3g 每升水；拎洗 3～5 次，浸泡 3～5min，挤干水分，备用； ⑫ 漂洗：室温清水，浴比（1∶15）～（1∶20）；拎洗 5～8 次； ⑬ 脱水，晾干	方法 2：中温漂白法 ① 将衣物洗涤干净； ② 使用工业洗衣机进行漂色处理； 温度 40～50℃；浴比（1∶10）～（1∶15），加入液体次氯酸钠 2～3mL 每升水，处理时间 5～8min； ③ 排水，脱水，进行漂洗； ④ 漂洗 1：室温清水，浴比（1∶10）～（1∶15），漂洗时间 4～6min； ⑤ 漂洗 2：室温清水，浴比（1∶10）～（1∶15），漂洗时间 4～6min； ⑥ 漂洗 3：室温清水，浴比（1∶10）～（1∶15），漂洗时间 4～6min； ⑦ 脱氯：室温清水，浴比 1∶10；加入硫代硫酸钠 3g 每升水；漂洗时间 3～5min； ⑧ 漂洗 1：室温清水，浴比（1∶10）～（1∶15），漂洗时间 4～6min； ⑨ 漂洗 2：室温清水，浴比（1∶10）～（1∶15），漂洗时间 4～6min； ⑩ 脱水，晾干；
注意事项	① 如果使用氯漂粉，用量可酌情减少，如果使用 84 消毒液，需适当增加用量； ② 如果氯漂剂储存时间较长，根据情况可以适当增加用量； ③ 不可随意增加浸泡时间和处理时间； ④ 不可随意提高处理温度； ⑤ 要认真进行清水漂洗和脱氯处理	

表 7-6　微量控制氯漂剂去除有色衣物的搭色或串色和氯漂剂漂除白色衣物的顽固色斑

方案	微量控制氯漂剂去除有色衣物的搭色或串色	氯漂剂漂除白色衣物的顽固色斑
适用衣物、面料的范围	① 面料的纤维组成应该是棉、麻、黏胶以及合成纤维的纯纺织物、混纺织物和交织织物，不可含有蚕丝和毛纤维； ② 浅色、浅中色的单色面料、条格色织面料、印花面料等； ③ 结构不特别复杂，经过较长时间浸泡不会发生抽缩变形的衣物； ④ 不含有皮革、毛皮附件及装饰物的衣物，面料无涂层	① 面料的纤维组成应该是棉、麻、黏胶以及合成纤维的纯纺织物和混纺织物，不可含有蚕丝及毛纤维； ② 面料的颜色必须是漂白色，绝不可用于有颜色的衣物，也不可用于本白色或极浅色面料
适用衣物实例	① 不含有蚕丝、毛纤维的浅色、中浅色衬衫、T 恤、夹克、风衣、中小学生校服、运动服以及各种休闲服装等； ② 浅色、中浅色家居纺织品	① 漂白色棉、麻、棉麻混纺衬衫、T 恤、裤子、裙子、夹克、风衣、运动服、中小学生校服等； ② 漂白色卧具、家居用品、窗帘、垫套等； ③ 漂白色合成纤维面料的防寒服、羽绒服等
适用颜色污渍的范围	① 由于与掉色衣物共同洗涤造成的各种颜色的串色； ② 在存放、堆置、浸泡等过程中与掉色衣物接触造成的搭色； ③ 由红、蓝墨水或文化用品中的彩色笔沾染的颜色污渍； ④ 部分蔬菜、水果、饮料等植物类色素沾染的颜色污渍	① 由掉色衣物脱落的各种染料所形成的搭色沾染； ② 各种顽固的天然色素类颜色污渍； ③ 文化用品中红蓝墨水或彩色笔的颜色污渍； ④ 不包括固体颗粒型的颜料类色迹
使用条件	① 严格控制氯漂剂的用量，保持氯漂剂的较低浓度； ② 使用大浴比的冷水，采用浸泡方法处理； ③ 利用较长时间进行处理； ④ 准确的操作方法	① 已经采用过氯漂剂或保险粉漂白，但没有效果； ② 沾染面积不是特别大； ③ 衣物上没有特殊附件、配件； ④ 采用较高浓度的氯漂剂对颜色污渍进行局部处理； ⑤ 使用福奈特去锈剂（黄猫）作为氯漂激发剂助漂
具体操作流程	① 根据衣物的大小准备桶形容器，容积至少应为衣物的 20 倍，注满室温清水，备用； ② 加入液体次氯酸钠 1g 每升水（或 84 消毒液 2g 每升水）； ③ 加入中性洗涤剂或通用洗衣粉 2～3g，搅匀； ④ 把洗涤干净的被处理衣物放入桶中拎洗 3～5 次； ⑤ 没入水中浸泡被处理衣物；注意要把衣物中的空气挤出，使衣物整体没入水中，不可有任何漂浮部分； ⑥ 每隔 10～15min 拎洗 2～3 次，拎洗后仍然没入水中浸泡； ⑦ 浸泡 2h 以后，可以每隔 1h 拎洗 1 次；4h 后可以停止翻动； ⑧ 观察衣物颜色污渍的去除情况，清除后即可终止处理； ⑨ 最长浸泡时间可达 24h； ⑩ 清水漂洗 3～4 次； ⑪ 脱氯：室温清水，浴比：1∶15；加入硫代硫酸钠 2g 每升水；处理时间：拎洗加浸泡 3～5min； ⑫ 清水漂洗 2～3 次； ⑬ 脱水，晾干	① 配制 3%～5% 的次氯酸钠溶液或 10% 的 84 消毒液备用； ② 使用棉签沾满上述氯漂剂涂抹顽固色斑 2～3 次； ③ 立即滴入福奈特去锈剂（黄猫），激发氯漂剂能量； ④ 重复上述操作至顽固色斑清除； ⑤ 使用室温清水漂洗 3～5 次清除残余药剂，或使用去渍台清水喷枪和冷风喷枪反复操作清除残余药剂； ⑥ 衣物情况允许时，最好再进行一次水洗洗涤

方案	微量控制氯漂剂去除有色衣物的搭色或串色	氯漂剂漂除白色衣物的顽固色斑
注意事项	① 不可随意提高氯漂剂用量； ② 不可改变处理温度； ③ 每次拎洗后要确保衣物全部没入水中，不可有任何漂浮部分； ④ 脱氯、漂洗要认真	① 面料成分的合成纤维比例较高时，可以适当提高氯漂剂浓度； ② 以棉、麻、黏胶纤维为主的面料不宜使用较高浓度的氯漂剂； ③ 处理后必须认真清洗残余药剂，直至完全彻底干净

三、氧漂剂（双氧水、彩漂粉）去除颜色污渍

氧漂剂（双氧水、彩漂粉）去除颜色污渍有五种方案，分别见表 7-7 和表 7-8。

表 7-7　氧漂剂（双氧水、彩漂粉）去除颜色污渍（一）

方案	双氧水去除有色衣物的串色和洇色	双氯水去除印花、色织面料洇色	双氧水去除天然色素色斑（热处理）
适用衣物、面料的范围	① 适用于各种纺织纤维组成的面料； ② 适用于浅色和中深色的单色面料或条格、印花面料； ③ 适用于结构比较简单，能够承受较高温度处理而不致抽缩变形的衣物； ④ 面料无各种涂层	① 适用于各种纺织纤维织造的面料； ② 适用于色织纺织品和印花纺织品； ③ 适用于结构比较简单，能够承受较高温度处理而不致抽缩变形的衣物； ④ 面料无各种涂层	① 适用于各种纺织纤维织造的面料； ② 适用于各种单色面料、色织纺织品和印花纺织品； ③ 适用于结构比较简单，能够承受较高温度处理而不抽缩变形的衣物
适用衣物实例	① 浅色、中深色面料的衬衫、T 恤、夹克、风衣以及各种休闲服装； ② 浅色、中深色家居纺织品； ③ 浅色、中深色的羊毛衫、羊绒衫； ④ 拼色面料的休闲服装	① 色织和印花的衬衫、T 恤、休闲服装； ② 色织和印花的家居纺织品； ③ 色织和印花的羊毛衫、羊绒衫	① 浅色、中深色面料的衬衫、T 恤、夹克、风衣以及各种休闲服装； ② 浅色、中深色家居纺织品； ③ 浅色、中深色的羊毛衫、羊绒衫； ④ 无深颜色的拼色面料休闲服装
适用颜色污渍的范围	① 洗涤掉色衣物时对其他衣物所造成的串色沾染； ② 水洗不同颜色面料制成的衣物所造成不太严重的洇色沾染； ③ 其他由于颜色沾染造成的颜色污渍	① 条格面料部分纱线掉色造成的洇色沾染； ② 印花面料洇色所造成的沾染	① 由青草、水果、蔬菜以及各种饮料形成的天然色素色斑； ② 菜肴汤汁等各种食物形成的天然色素沾染； ③ 时间不特别久的人体分泌物形成的黄色污渍
使用条件	① 采用对衣物进行整体处理方法； ② 使用较高温度和中等双氧水浓度处理； ③ 以手工拎洗操作为主	① 采用对衣物进行整体处理方法； ② 使用较高温度和中等双氧水浓度处理； ③ 以手工拎洗操作为主	① 采用对衣物进行整体处理方法； ② 使用较高温度和中等浓度双氧水处理； ③ 以手工拎洗操作为主

续表

方案	双氧水去除有色衣物的串色和洇色	双氧水去除印花、色织面料洇色	双氧水去除天然色素色斑（热处理）
具体操作流程	① 使用非金属桶形容器处理，准备浴比1∶15的80℃热水，备用； ② 加入30%的工业用双氧水70～80mL每件衣物；加入福奈特中性洗涤剂1～2mL每件衣物，搅匀； ③ 在上述氧漂剂中拎洗3～5min； ④ 漂洗：室温清水，每次漂洗手工拎洗3～5次，至少漂洗3次； ⑤ 酸洗：室温清水，加入5～10mL冰醋酸每件衣物，拎洗2～3min，浸泡2～3min； ⑥ 脱水，晾干	① 使用非金属桶形容器处理，水温为80℃；浴比不低于1∶15； ② 加入30%的工业用双氧水70～80mL每件衣物；加入福奈特中性洗涤剂0.5mL每件衣物，搅匀； ③ 在上述氧漂剂中反复拎洗，同时观察处理结果； ④ 颜色污渍清除后，立即终止处理，进行漂洗； ⑤ 漂洗：室温清水，每次漂洗手工拎洗3～5次，至少漂洗3次； ⑥ 酸洗：室温清水；加入15～25mL冰醋酸每件衣物；拎洗3～5次，浸泡2～3min； ⑦ 脱水，晾干	① 使用非金属桶形容器处理，水温80℃；浴比（1∶15）～（1∶20）； ② 加入30%的工业用双氧水70～80mL每件衣物；加入福奈特中性洗涤剂2～3mL每件衣物，搅匀； ③ 在上述氧漂剂中拎洗2～3min，浸泡2～3min； ④ 漂洗：室温清水，每次漂洗手工拎洗3～5次，至少漂洗3次； ⑤ 酸洗：室温清水，加入5～10mL冰醋酸每件衣物，拎洗3～5次，浸泡2～3min； ⑥ 脱水，晾干
注意事项	① 颜色比较深的面料不适合采用这种方法处理； ② 这种方法不适合织物组织特别致密的面料； ③ 衣物上应无皮革、毛皮的附件和配饰； ④ 处理衣物时，不可在氧漂剂中较长时间浸泡； ⑤ 衣物上带有金属配件时要加强清水漂洗	① 衣物上应无皮革、毛皮的附件和配饰； ② 处理全过程应连续进行，中途不可停顿； ③ 任何环节都不可浸泡； ④ 衣物上带有金属配件时要加强清水漂洗	① 衣物上应无皮革、毛皮的附件和配饰； ② 拼色衣物中无深色部分； ③ 衣物上带有金属配件时要加强清水漂洗

表7-8　氧漂剂（双氧水、彩漂粉）去除颜色污渍（二）

方案	双氧水去除天然色素色斑（冷处理）	双氧水去除白色衣物的顽固色斑
适用衣物、面料的范围	① 适用于各种纺织纤维织造的面料； ② 适用于各种单色面料、色织纺织品和印花纺织品； ③ 适用于结构比较复杂，不能够承受较高温度处理的衣物；	① 适用于各种纺织纤维织造的面料； ② 面料的颜色必须是漂白，绝不可用于有颜色的衣物，也不可用于本白色或极浅色面料； ③ 已经过多种氧化剂、还原剂漂色处理未取得效果的面料或衣物； ④ 可以承受较高温度处理的衣物
适用衣物实例	① 浅色、中深色面料的衬衫、T恤、夹克、风衣以及各种休闲装； ② 浅色、中深色家居纺织品； ③ 浅色、中深色的羊毛衫、羊绒衫； ④ 无深颜色的拼色面料休闲服装	① 漂白色的衬衫、T恤、裤子、裙子、夹克、风衣、运动服、中小学生校服等； ② 漂白色卧具、家居用品、窗帘、垫套等； ③ 漂白色合成纤维面料的防寒服、羽绒服等
适用颜色污渍的范围	① 由青草、水果、蔬菜以及各种饮料形成的天然色素色斑； ② 菜肴汤汁等各种食物形成的天然色素色斑	① 由掉色衣物脱落的各种染料所形成的色斑； ② 各种顽固的天然色素类颜色形成的色斑； ③ 文化用品中红、蓝墨水或彩色笔的颜色污渍形成的色斑； ④ 不包括锈迹、颜料类污渍和固体颗粒的颜色污渍

续表

方案	双氧水去除天然色素色斑（冷处理）	双氧水去除白色衣物的顽固色斑
使用条件	① 对衣物上的天然色素色斑进行局部点浸处理； ② 使用室温温度(低温)和较高浓度的双氧水处理； ③ 严格控制衣物上残存的双氧水含量； ④ 避免与金属配件接触	① 采用对顽固色斑局部处理的方法； ② 使用较高温度的氧化剂漂白； ③ 需要处理的部位无金属附件； ④ 处理后必须把衣物彻底漂洗干净
具体操作流程	① 将5毫升工业双氧水稀释至8%～10%； ② 使用棉签蘸取上述稀释过的双氧水，在色素色斑处点浸； ③ 点浸过双氧水2～3分钟以后，交替使用去渍台清水喷枪和风枪打去残留的药剂； ④ 重复上述操作，直至色素色斑清除干净； ⑤ 充分清洗所处理过的部分	① 把原有30%工业双氧水稀释至5%～10%，备用； ② 将上述稀释后的双氧水滴在顽固色斑处； ③ 双氧水充分渗透后垫上一层洁净的棉布，使用100～110℃熨斗熨烫； ④ 彻底清洗残余药剂
注意事项	① 为了使双氧水容易渗入衣物，可以于处理之前在天然色素色斑处预先点浸1：100的中性洗涤剂； ② 每次点浸双氧水后必须将原有多余药剂清洗干净； ③ 根据天然色素色斑的严重程度，需要进行多次点浸处理，不可操之过急； ④ 进行处理的部位不应该带有金属附件	① 进行处理的部位不应该带有金属附件； ② 仅限于漂白色衣物

四、保险粉漂除颜色污渍

用保险粉漂除颜色污渍有四种方案，处理方法见表7-9。

表7-9 保险粉漂除颜色污渍

方案	保险粉漂除白色衣物的颜色污渍	保险粉漂除印花及色织面料的洇色、串色	保险粉漂除羊皮垫子白色毛被的退行性黄色	保险粉漂除白色衣物的顽固色斑
适用衣物、面料的范围	① 适用于各种纺织纤维织造的纺织品； ② 仅限于各种类型的白色面料； ③ 结构较为简单，无皮革、毛皮等装饰物，可以承受较高温度处理不发生抽缩变形的衣物	① 适用于各种纺织纤维织造的色织面料和印花面料； ② 由于面料自身染料脱落造成的串色、洇色等颜色沾染； ③ 结构较为简单，无皮革、毛皮等装饰物，可以承受较高温度处理不发生抽缩变形的衣物	① 白色或浅色绵羊皮或羊剪绒裸皮垫子； ② 无较深颜色的皮毛拼块或其他附件	① 适用于各种纺织纤维织造的白色面料； ② 已经过各种漂色方法未能取得效果的面料或衣物； ③ 无皮革、毛皮附件、配饰的衣物； ④ 被处理部位无其他颜色拼块的面料
适用衣物实例	① 白色衬衫、T恤、裤子、裙子、夹克、风衣、运动服、中小学生校服等； ② 白色卧具、家居用品、窗帘、垫套等； ③ 白色合成纤维面料的防寒服、羽绒服等	① 各种颜色的色织、印花衬衫、T恤、裤子、裙子、夹克、风衣、运动服、中小学生校服等； ② 色织印花的卧具、家居用品、窗帘、垫套等	① 白色或浅色绵羊皮或羊剪绒裸皮垫子； ② 其他干洗后发黄的白色毛皮制品	① 漂白色的衬衫、T恤、裤子、裙子、夹克、风衣、运动服、中小学生校服等； ② 漂白色卧具、家居用品、窗帘、垫套等； ③ 漂白色合成纤维面料的防寒服、羽绒服等

续表

方案	保险粉漂除白色衣物的颜色污渍	保险粉漂除印花及色织面料的洇色、串色	保险粉漂除羊皮垫子白色毛被的退行性黄色	保险粉漂除白色衣物的顽固色斑
适用颜色污渍的范围	① 由掉色衣物脱落染料形成的各种串色、搭色颜色沾染； ② 文化用品中红、蓝墨水或彩色笔的颜色污渍； ③ 各种类型的天然色素颜色污渍； ④ 不包括锈迹、颜料类污渍和固体颗粒的颜色污渍	① 色织、印花面料自身染料脱落造成的串色、洇色等颜色沾染； ② 不太严重的文化用品类彩色笔的颜色污渍	① 经过四氯乙烯干洗后毛被发黄； ② 经过较长时间储存后的白色毛皮制品风化性发黄	① 由掉色衣物脱落的各种染料所形成搭色沾染的色斑； ② 各种顽固的天然色素类色斑； ③ 文化用品中红、蓝墨水或彩色笔的颜色污渍形成的色斑； ④ 不包括锈迹、颜料类污渍和固体颗粒的颜色污渍
使用条件	① 采用对衣物进行整体处理的方法； ② 使用较高温度和中等保险粉浓度进行处理； ③ 以手工拎洗为主	① 采用对衣物进行整体处理的方法； ② 使用较高温度和中等保险粉浓度进行处理； ③ 以手工拎洗为主	① 采用手工小心处理； ② 严格控制操作过程的水分	① 采用对顽固色斑局部处理的方法； ② 使用较高温度的还原剂漂白； ③ 处理后必须把衣物彻底漂洗干净
具体操作流程	① 准备浴比（1∶15）～（1∶20）的 90℃以上的热水； ② 加入 25～30g 保险粉，搅匀； ③ 将被处理衣物在上述保险粉溶液中反复拎洗 2～3min； ④ 观察处理结果，颜色污渍清除后立即进行漂洗； ⑤ 室温清水，漂洗 3～4 次，每次不少于 2min 拎洗； ⑥ 脱水，晾干	① 准备 60℃左右的热水，浴比（1∶15）～（1∶20），备用； ② 加入福奈特中性洗涤剂 1～2mL； ③ 加入保险粉 2～3g，搅匀； ④ 将被处理衣物在上述保险粉溶液中反复拎洗 2～3min； ⑤ 观察处理结果，如果颜色污渍已经清除后，立即进行清水漂洗；如果颜色污渍仅有部分清除，仍然残留比较明显的颜色污渍，可以适当追加 1～2g 保险粉后，继续进行漂色操作，直至颜色污渍清除； ⑥ 终止处理后立即进行清水漂洗； ⑦ 室温清水，漂洗 3～4 次，每次不少于 2min 拎洗； ⑧ 酸洗：室温清水，加入 5～10mL 冰醋酸每件衣物，拎洗 3～5 次，浸泡 2～3min； ⑨ 脱水，晾干	冷水法： ① 准备已经经过干洗的白色羊皮垫子，备用； ② 使用 30℃以下温水配制 3%～5%的保险粉溶液； ③ 使用刷子蘸上述保险粉溶液刷试黄色毛被，使毛被保持湿润（不可出现沥水）； ④ 在毛被上盖上干燥的棉布； ⑤ 使用低温蒸汽熨斗隔棉布进行熨烫； ⑥ 使用清水湿毛巾反复擦试毛被，清除残余药剂； ⑦ 晾干。 热水法： ① 准备已经经过干洗的白色羊皮垫子，备用； ② 使用 90℃以上热水配制 3%～5%的保险粉溶液； ③ 用干燥的干净毛巾蘸上述保险粉溶液，挤干多余水分； ④ 立即反复擦试毛被的黄色部分，擦试后覆盖干燥的棉布停放片刻； ⑤ 如果效果不大明显，可以重复上述操作； ⑥ 使用清水湿毛巾反复擦试毛被，清除残余药剂； ⑦ 晾干	① 使用不超过 40℃ 的温水配制 5%～8%的保险粉溶液； ② 将上述保险粉溶液滴在色斑处； ③ 保险粉溶液充分渗透后，垫上一层洁净的棉布，使用 100～110℃熨斗熨烫； ④ 色斑清除后充分清洗残余药剂； ⑤ 脱水，晾干

续表

方案	保险粉漂除 白色衣物的颜色污渍	保险粉漂除印花及 色织面料的洇色、串色	保险粉漂除羊皮垫子 白色毛被的退行性黄色	保险粉漂除白色 衣物的顽固色斑
注意 事项	① 保险粉应未受潮，保持白色干燥流动状态； ② 把保险粉加入准备好的热水中溶解，不可使用热水冲化保险粉； ③ 衣物上无有色附件、配饰	① 进行漂色处理时，为避免使底色损伤，注意随时观察处理结果，及时终止漂色处理； ② 保险粉应未受潮，保持白色干燥流动状态； ③ 把保险粉加入准备好的热水中溶解，不可使用热水冲化保险粉	① 注意，无论采用何种方法都不可使保险粉溶液沾染皮板； ② 多余药剂必须彻底清除	本办法仅用于漂白色衣物，不可用于有颜色衣物

五、福奈特中性洗涤剂剥除衣物的串色、搭色

用福奈特中性洗涤剂剥除各类衣物的串色、搭色有三种方案，见表 7-10。

表 7-10　福奈特中性洗涤剂剥除衣物的串色、搭色

方案	福奈特中性洗涤剂剥除羊毛衫、 羊绒衫的串色、搭色	福奈特中性洗涤剂剥除 纯棉衣物的串色、搭色	福奈特中性洗涤剂剥除真丝 衣物的串色、搭色
适用衣物、面料的范围	① 各种白色、浅色以及中浅色羊毛衫、羊绒衫； ② 衣物本身无对比色、拼色部分； ③ 无绣花和其他装饰物的衣物	① 白色、浅色的单色、色织和印花纯棉布、纯棉条染布，以及较为粗疏组织的棉布、棉混纺布； ② 纯棉针织内衣、内裤、T 恤、衬衫等	① 桑蚕丝、柞蚕丝织造的白色、浅色素色织物； ② 桑蚕丝、柞蚕丝织造的白色、浅色针织织物
适用衣物实例	① 白色、浅色和中浅色羊毛衫、羊绒衫、毛衣、毛裤等； ② 印花或条格羊毛衫、羊绒衫、毛衣、毛裤等； ③ 白色、浅色羊毛针织外衣、针织毛裙等	① 白色、浅色纯棉衬衫、夹克、风衣，以及纯棉休闲衣裤等； ② 白色、浅色纯棉、棉混纺针织衣物等	素色衬衫、T 恤、休闲衣裤、家居纺织品等
适用颜色污渍的范围	① 由掉色衣物脱落染料形成的各种串色、搭色颜色沾染； ② 文化用品中红、蓝墨水或彩色笔的颜色污渍； ③ 不包括锈迹、颜料类污渍和固体颗粒的颜色污渍	① 由掉色衣物脱落染料形成的各种串色、搭色颜色沾染； ② 文化用品中红、蓝墨水或彩色笔的颜色污渍； ③ 不包括锈迹、颜料类污渍和固体颗粒的颜色污渍	① 由掉色衣物脱落染料形成的各种串色、搭色颜色沾染； ② 文化用品中红、蓝墨水或彩色笔的颜色污渍； ③ 不包括锈迹、颜料类污渍和固体颗粒的颜色污渍
使用条件	① 采用对衣物进行整体处理的方法； ② 使用较高温度和较高浓度中性洗涤剂处理； ③ 以手工拎洗为主	① 采用对衣物进行整体处理的方法； ② 使用较高温度和较高浓度中性洗涤剂处理； ③ 以手工拎洗为主	① 采用对衣物进行整体处理的方法； ② 使用较高温度和较高浓度中性洗涤剂处理； ③ 以手工拎洗为主

续表

方案	福奈特中性洗涤剂剥除羊毛衫、羊绒衫的串色、搭色	福奈特中性洗涤剂剥除纯棉衣物的串色、搭色	福奈特中性洗涤剂剥除真丝衣物的串色、搭色
具体操作流程	① 将衣物洗涤干净，脱水后备用； ② 使用 80℃热水按 10～15mL 福奈特中性洗涤剂每升水配制洗衣液，浴比 1：15； ③ 手工拎洗 3～5min； ④ 注意观察处理结果，颜色污渍清除后即可终止处理； ⑤ 室温清水，漂洗不少于 3 次，每次拎洗 2～3min； ⑥ 酸洗：冰醋酸 2～3g 每升水，手工拎洗 2～3min； ⑦ 脱水，晾干	① 将衣物洗涤干净，脱水后备用； ② 使用 80℃热水按 10～15mL 福奈特中性洗涤剂每升水配制洗衣液，浴比 1：15； ③ 手工拎洗 3～5min； ④ 注意观察处理结果，颜色污渍清除后即可终止处理； ⑤ 室温清水，漂洗不少于 3 次，每次拎洗 2～3min； ⑥ 酸洗：冰醋酸 2～3g 每升水，手工拎洗 2～3min； ⑦ 脱水，晾干	① 将衣物洗涤干净，脱水后备用； ② 使用 80℃热水按 10～15mL 福奈特中性洗涤剂每升水配制洗衣液，浴比 1：15； ③ 手工拎洗 3～5min； ④ 注意观察处理结果，颜色污渍清除后即可终止处理； ⑤ 室温清水，漂洗不少于 3 次，每次拎洗 2～3min； ⑥ 酸洗：冰醋酸 2～3g 每升水，手工拎洗 2～3min； ⑦ 脱水，晾干
注意事项	① 如果衣物本身带有较深颜色拼块部分或绣花装饰，不宜使用本办法； ② 操作中注意手提部位要准确，用力均匀，防止衣物变形	① 如果衣物本身带有较深颜色拼块部分或绣花装饰，不宜使用本办法； ② 操作中注意手提部位要准确，用力均匀，防止衣物变形	① 衣物不能带有较深颜色拼块或绣花装饰； ② 操作中注意手提部位要准确，用力均匀，防止衣物变形

六、去渍剂去除小范围颜色污渍

去渍剂去除小范围颜色污渍有两种方案，详见表 7-11。

表 7-11 去渍剂去除小范围颜色污渍

方案	西施棕色去渍剂去除小范围颜色污渍	福奈特去油剂（红猫）去除油溶色素
适用衣物、面料的范围	① 白色、浅色或色织、印花纯棉、棉混纺面料； ② 白色、浅色或色织、印花化纤、化纤混纺面料	① 餐饮业使用的白色、浅色纯棉台布、口布，以及厨师工作服； ② 其他白色、浅色纯棉、棉混纺休闲衣物
适用衣物实例	各种类型服装	
适用颜色污渍的范围	① 由掉色衣物脱落染料形成的各种串色、搭色颜色沾染； ② 文化用品中红、蓝墨水或彩色笔的小面积颜色污渍； ③ 不包括锈迹、颜料类污渍和固体颗粒的颜色污渍	① 餐饮业使用的白色、浅色纯棉台布、口布，以及厨师工作服； ② 其他白色、浅色纯棉、棉混纺休闲衣物
使用条件	① 使用去渍剂在去渍台上进行局部处理； ② 不可加热	① 衣物经洗涤、漂洗后立即进行处理； ② 彻底清洗残留药剂
具体操作流程	① 将衣物洗涤干净，备用； ② 在颜色污渍处滴入西施棕色去渍剂； ③ 停放 15～25min； ④ 观察去渍效果，如果颜色污渍还有残存，可以重复上述操作； ⑤ 彻底清洗残存药剂	① 将福奈特去油剂（红猫）滴入动、植物油溶色素污渍上； ② 片刻后进行水洗即可
注意事项	① 去渍时间较长，不可操之过急，需要耐心等待； ② 残余药剂必须彻底清除	① 不可用于醋酸纤维织物； ② 织物组织致密的面料须多次反复操作

第八章
服装污渍去除实例

服装污渍包括人体分泌物污渍；菜肴汤汁类食物污渍；饮料、酒水类污渍；水果、蔬菜、糖果类污渍；化妆品、药物类污渍；文具、日常用品类污渍；油漆、涂料类污渍以及其他污渍。本章介绍去除服装污渍的若干实例。

第一节　人体分泌物污渍及其去除实例

人体分泌物污渍有人体皮脂污渍（即人体皮肤分泌的油脂）；汗渍；血渍；月经血渍；奶渍（人乳）；口水污渍（口涎污渍）；呕吐物污渍；尿渍；粪便；脓血污渍、淋巴液污渍；性腺排泄物污渍；鼻涕、痰液污渍；等等。这些污渍的去除见表 8-1。

表 8-1　人体分泌物污渍及其去除

实例	污渍的形成、特点与去除方法
人体皮脂污渍（即人体皮肤分泌的油脂）	污渍的形成、特点：人类的皮肤会自然分泌一些油脂类物质，用以滋润和保护皮肤，称为人体皮脂。由于人群的性别差异、种族差异和个体差异，油脂的分泌量不尽相同。油性皮肤人群皮脂分泌量可能是干性皮肤人群油脂分泌量的数十倍。因此，一些人的服装上基本见不到皮脂污渍，而另一些人的服装只需穿上一两天就有明显的皮脂污渍。 　　单纯性的皮脂污渍比较少见，大多数会混有环境飘尘和汗水。多数皮脂污渍在领口、袖口等处，个别人（多数为男性青壮年）还会在胸前和后背体毛较为丰密处产生较多皮脂，从而使贴身衣服的相关部位有可能沾有皮脂污渍。 　　去除方法：领口、袖口的皮脂污渍由于经常混有汗渍和飘尘，可以一并考虑去除。在没有特殊污渍的情况下，这种污渍使用衣领净做预处理后进行水洗就可以有效地去除，一般无须按照去除油渍的方法去除。但是，比较浓重的皮脂污渍可以先进行水洗，再进行去油，或通过干洗去除油渍；特别严重的皮脂污渍往往会留下黄渍，这时需要同时使用去除油性污渍和蛋白质污渍的去渍剂处理。如用福奈特去油剂（红猫）、克施勒去渍剂 C 或西施紫色去渍剂等加上克施勒去渍剂 B 或西施红色去渍剂去除

续表

实例	污渍的形成、特点与去除方法
汗渍	污渍的形成、特点：汗渍内含有人体皮脂、含氮物质、盐分等。服装上的汗渍干燥之后有圈状涸迹，中心颜色较浅，边界颜色较深，在白色服装上则显现为黄色到浅棕色。汗渍的绝大多数成分是水溶性的，必须通过水洗才能彻底洗净。 去除方法： ① 处理汗渍最为重要的是要充分在冷水中浸泡服装，千万不可在开始洗涤时就使用热水。严重的汗渍可以多次更换清水浸泡，直至浸泡的水没有黄色为止，洗时最好使用温水和加酶洗衣粉，必要时还可以提高洗涤温度并且加入一定量的双氧水。一般汗渍通过这种洗涤方式大都能够洗涤干净。一些衬衫、T恤类衣服往往会在领口、腋下等处留有较为浓重的汗黄色，这需要进行单独处理，具体方法如下：在洗净、脱水后的服装上涂抹一层淡淡的食盐；待食盐大都溶解后再涂抹稀释后的氨水（一份氨水加入两份清水）；最后使用清水彻底漂洗干净。 注意：这种方法不可用于蚕丝和毛纤维织物。 最为严重的汗渍还可以使用 80℃热水加 60～80mL 双氧水进行处理。但是这种方法仅限于在全棉、涤棉类的白色或浅色服装上使用，其他服装可以使用克施勒去渍剂 B 或西施红色去渍剂去除。 ② 可用 1%～2%的氨水浸泡，水温在 40～50℃，浸泡后用 1%草酸溶液洗涤，然后用洗涤剂揉洗，用清水漂洗。对于白色服装上的陈旧汗渍需要再经漂白才能完全去除。 ③ 可用 3%～5%的乙酸溶液和 3.5%的氨水揩拭，然后用冷水洗涤。 ④ 可以将服装浸在浓 NaCl 溶液中，3～4h 后用水洗。 ⑤ 毛线服装不要用氨水洗涤，可用柠檬酸洗涤，也可以浸入 1%盐酸中，然后取出，水洗
血渍	污渍的形成、特点：服装上面沾染了血渍以后最好尽快洗涤，存放时间越久，洗涤就越困难。血液中含有多种物质，目标去除物主要是蛋白质和铁盐 去除方法： ① 血液中的血浆、血球等蛋白质类物质受热会凝固，从而牢固地结合在织物上，服装沾上血渍后切忌使用热水冲烫。所有的血渍都需要先使用冷水浸泡或使用清水预洗；当血渍中大多数水溶性成分洗掉后再使用洗涤剂洗涤。可以使用温水和加酶洗衣粉进行洗涤。如果还留有黄色的残余污渍，可以使用去除铁锈的去渍剂去除，如福奈特去锈剂（黄猫）。 服装上的血渍如果不适宜进行水洗，就需要在去渍台上使用清水把能够溶于水的大部分成分去掉。经过清水充分处理，血渍的大部分都会脱落，一般情况下只留下淡黄色的瘢痕和红褐色的圈迹，这时可以使用去除蛋白质的去渍剂去除，如克施勒去渍剂 B，也可以使用西施红色去渍剂去除。如果最后还留有黄色污渍，仍然可以使用去除铁锈的去渍剂，如福奈特去渍剂（黄猫）去除。在去除血渍的全部过程中尽量不要使用蒸汽加热，避免蛋白质固定在面料上。去除比较顽固的血渍是需要时间的，可以反复使用清水和去除蛋白质的去渍剂，不要过多地借助于加大机械力（即尽量避免使用刮板用力刮或使用去渍刷用力刷）。还可以根据沾污的时间长短，采用不同的方法去除。 ② 可用冷水（不能用热水）洗，再用肥皂或 10%的碘化钾溶液洗涤。 ③ 可以用 10%的酒石酸溶液揩拭污处，然后用冷水洗涤。 ④ 沾污时间较长，可用 10%的氨水揩拭，过片刻，再用冷水刷洗。如果血渍不能全除，则可以用 10%～15%的草酸溶液洗涤，然后清水漂洗
月经血渍	污渍的形成、特点：月经血的污渍比一般血渍成分更为复杂，更难以去除。大多数这类污渍放置的时间不会太长，而且被沾染的服装多是内衣，多数可以采用较为强劲的洗涤手段去除。织物沾染月经血渍后呈发硬的状态，红棕色或棕褐色，有特殊气味，对纺织品的颜色有腐蚀性。这类血渍含有纤维朊、蛋白质、铁、钙、脂肪等，同时也混有其他性腺类分泌物 去除方法：洗涤时必须采用水洗，洗涤过程和洗涤其他血渍基本上没有区别，切忌首先使用热水。月经血渍须经过充分水洗之后再进行去渍，在去渍过程中需使用去除蛋白质的去渍剂如克施勒去渍剂 B 或西施红色去渍剂去除。在蛋白质类污渍去除后，还会留有黄色的铁盐污渍，需要使用去除铁锈的去渍剂[如福奈特去锈剂（黄猫)]去除。最后，用清水将多余的残药成分洗净。 一些带有颜色的内衣类服装，往往因为这类污渍发生掉色现象，为此不宜采用去渍处理。可以在用清水充分浸泡以后，使用碱性洗衣粉和彩漂粉或双氧水（用量：2～3g 每升水）洗涤。洗涤的前半程使用 40～50℃温水，后半程使用 70～80℃热水，然后漂洗干净即可

实例	污渍的形成、特点与去除方法
奶渍（人乳）	污渍的形成、特点：人乳富含脂肪、蛋白质以及多种氨基酸，去渍以脂肪和蛋白质为主要目标。切记不可先进行干洗或使用热水浸泡，否则奶渍将成为不易洗涤干净的顽渍。沾染奶渍的服装大多数是哺乳期妇女或婴儿服装，大多数顾客会在送服装时说明。这类服装适宜水洗而不宜干洗。实际上，人奶污渍比牛奶污渍还要难以去除。从表面看，奶渍是淡黄色到白色略微发硬的污渍，用指甲刮擦可见发白的痕迹，有类似酸奶的气味。 去除方法： ① 处理奶渍首先使用清水进行洗涤，浅色服装还可以经过 5～10min 浸泡以后用清水洗涤。待表面奶渍多数溶解后，再使用洗涤剂洗涤。最后余下的残渍可以使用克施勒去渍剂 B 或西施红色去渍剂去除，经过去渍处理后再进行水洗。如果奶渍沾染在外衣或不宜采用水洗洗涤的服装上面，则应该在去渍台上进行局部处理，完成上述清水处理和去渍的过程之后，再进行干洗。 ② 用水浸湿，再用蛋白酶化剂处理 30min，不能用温水湿润后用清水漂洗。 ③ 可用汽油揩拭后用 20%的氨水搓揉，再用肥皂或洗涤剂洗涤
口水污渍（口涎污渍）	污渍的形成、特点：口水污渍多数是婴幼儿或病人的排出物，在深色服装上一般不大容易发现。但是它在浅色服装上，尤其是白色服装上则成为清晰的污渍。此外，在一些人的枕巾、被罩或被头等处亦可能有类似的口水污渍，这是因为人的健康状况不佳或人在睡眠时打鼾所致。口水污渍属于有色无形的污渍，多数为灰色，少数为黄色。 去除方法：这类污渍只适合水洗，不宜干洗，尤其不宜在一开始就使用干洗洗涤。最好先使用冷水充分浸泡，然后在 40～50℃温水中使用加酶洗衣粉洗涤；重点部位还可以滴入一些氨水并涂抹肥皂搓洗一下。经过这样洗涤后大多数口水污渍可以洗净，少数比较顽固的口水污渍则需要使用去除蛋白质的去渍剂去除，可选用克施勒去渍剂 B 或使用西施红色去渍剂去除。经过去渍处理后再进行水洗
呕吐物污渍	污渍的形成、特点：呕吐物的成分比较复杂，但是有一个共性，就是绝大部分为水溶性的。 去除方法：不论什么样的服装沾染了呕吐物，都必须先使用水将呕吐物的表面部分洗掉，必要时需要使用洗衣刷刷洗。如果服装的面料或结构不宜使用水洗，也要采取局部洗涤的方法将其表面的呕吐物清洗掉，或在去渍台上使用清水枪及风枪交替处理，将表面呕吐物清洗掉。切忌不管不问就进行干洗。 在使用清水去除呕吐物之后，再考虑使用其他去渍剂。呕吐物中的大多数为淀粉类物质和蛋白质类物质，油脂类物质已经在成分上有所改变，不必过多考虑。一般情况下这样处理之后就可以进行正常洗涤了。如服装上面还有其他污垢或污渍当然也要进行相应的处理。 如果沾染了呕吐物的服装适宜水洗，则可以使用加酶洗衣粉洗涤。注意要使用 40～50℃温水，还需要 10～15min 的浸泡，也能很有效地去除呕吐物。 残存的呕吐物污渍则需要使用去除蛋白质的去渍剂清除。如用克施勒去渍剂 B 或西施红色去渍剂去除。最后使用清水将多余的残药成分洗净。 ① 可用 10%的氨水将呕吐物污渍润湿并擦拭后，用清水洗涤去除。 ② 呕吐物污渍置留时间较长，可用 10%氨水擦拭后用酒精擦拭，再用酒精肥皂混合溶液擦拭，最后用清水擦洗
尿渍	污渍的形成、特点：尿渍大多数滞留在卧具、婴幼儿服装以及老人的服装上。尿渍外缘形状不规则，黄色到棕色，有气味，湿润时气味更重。由于人的年龄及体质不同，尿渍可能呈弱酸性或弱碱性。因此，陈旧性尿渍有可能将服装浸蚀腐烂。 去除方法： ① 含有尿渍的服装首先需要使用大量清水浸泡，甚至可以多次重复浸泡，尽可能将渗透在服装上的尿渍泡掉。切忌在开始使用热水冲泡。洗涤时可以使用一般碱性洗衣粉，也可以选择加酶洗衣粉，还可以适当加入一些氨水（1～2g 每升水）。重点尿渍处则需要使用去除蛋白质的去渍剂进行处理。具体方法、选用药剂以及操作过程都可以参照去除汗渍的去除方法。 ② 白色服装上的尿渍，可用 10%的柠檬酸溶液润湿，1h 后用水洗涤。 ③ 有色服装上的尿渍，可用 15%～20%的乙酸溶液润湿，1～2h 后再用水洗

续表

实例	污渍的形成、特点与去除方法
粪便	污渍的形成、特点：粪便和尿渍一样大多数滞留在婴幼儿服装或患病老人服装上，以黄色为主。大多数粪便不会残留较长时间，都能够及时清洗。但是往往会有残留的黄色污渍不能彻底清除，需要进行专门处理。粪便的成分复杂但是目标去除物主要是蛋白质类物质和黄色色素（以胆红素为主的色素）。 去除方法：处理的基本原则也是在开始洗涤时不宜使用热水，经过充分的清水洗涤后，再使用洗涤剂洗涤。最后，可以使用双氧水处理，用量 2～3g 每升水，温度 70～80℃，采用拎洗方法处理，时间 2～5min。按照这个顺序进行处理多数能够达到满意效果。 哺乳期婴儿的尿布经常会残留粪便，处理程序同上，可以使尿布保持较长时间的洁白清爽。 如果不小心将婴儿粪便沾染到外衣上，则需要在洗涤之后进行去渍。可选用去除蛋白质的去渍剂清除。如用克施勒去渍剂 B 或西施红色去渍剂去除
脓血污渍、淋巴液污渍	污渍的形成、特点：人总会生病或受外伤，机体产生的脓血液、淋巴液是最容易沾染到服装上的。这类污渍的目标去除物仍然以蛋白质为主。但与其他人体蛋白质污渍有些不同，这类污渍除了有可能沾染在内衣、内裤等服装上，还有可能沾染在外衣或夏季的服装上，如丝绸衬衫、裙子等，也就是说沾染的对象要广泛一些。 去除方法：在去除这类污渍的过程中要全面考虑。洗涤方法基本上是相同的，但如果服装是蚕丝制品或毛纺织品，则需要小心处理。因为蛋白质纤维对去除蛋白质污渍的去渍剂是非常敏感的，这类去渍剂有可能伤及蛋白质纤维，从而形成去渍伤害。洗涤过程中也要考虑面料的属性是否要求使用中性洗涤剂，颜色较为鲜艳或浓重的面料要防止掉色等。如果这类污渍中含有血渍就要按照去除血渍的方法处理
性腺排泄物污渍	污渍的形成、特点：无论男性还是女性排出性腺分泌物都是正常的。由于每个人在不同时期健康状况的差别，排出物也会有所差别。除了有可能沾染在家居卧具类纺织品上面以外，这类污渍大多位于内裤、腹带或衬裙的里层，表面呈白色或浅黄色，微硬，有特异气味。虽然成分因人体健康状况而异，但是仍然是以蛋白质类物质为主。 去除方法：去除这类污渍，使用清水充分洗涤是必不可少的，而不可以首先使用热水。比较轻微的这类污渍可以使用衣领净做预处理，然后水洗；严重的则可以使用加酶洗衣粉，再加入双氧水或彩漂粉（用量 2～3g 每升水）洗涤。在洗涤的前半程使用 40～50℃温水，后半程则需提高水的温度到 70～80℃。 少量沾染在外衣上的这类污渍可以使用去除蛋白质的去渍剂去除。可以选用克施勒去渍剂 B 或西施红色去渍剂去除。由于性腺分泌物有可能表现为较强的酸性或碱性，因此其在服装上聚集处的颜色往往会有脱落现象，这是正常现象，在收服装时应该向顾客说明
鼻涕污渍、痰液污渍	污渍的形成、特点：鼻涕、痰液一类污渍以儿童上衣翻领或袖口居多，在老年病人服装上面也有可能出现。污渍表面颜色灰淡，有时有些发硬，大多数呈不同的灰色，用指甲刮擦可使污渍颜色变浅，甚至有粉状物脱落。 去除方法： ① 如果服装进行干洗，仅仅使用清水刷拭或使用清水喷枪打掉即可；如果衣物进行水洗，则可以使用温水、碱性洗衣粉或加酶洗衣粉洗涤，重点部位需要使用洗衣刷刷拭。 如果儿童的鼻涕沾染在成年人的外衣上，而这件外衣又是浅色的，有时仅凭水洗不能彻底洗净，就需要进行专门的去渍处理。可以选用克施勒去渍剂 B 或西施红色去渍剂去除。 ② 用含氨水的浓肥皂液洗涤，硬固难除者需要用蛋白酶化剂处理

第二节　菜肴汤汁类食物污渍及其去除实例

菜肴汤汁类食物污渍有蛋白质污渍；食品类油脂污渍；肉类污渍；菜肴汤汁污

渍；番茄酱污渍；酱油污渍；辣酱油污渍；辣椒油污渍；芥末酱污渍；芥末油污渍；蛋黄酱污渍；色拉油污渍；咖喱污渍；姜黄污渍；蟹黄汤污渍；麻辣烫污渍；肉卤汁污渍；鱼汤汁、鱼冻污渍；鱼腥类黏液污渍；蛋清、蛋黄污渍；淀粉类污渍；等等。去除这类污渍的方法见表8-2。

表8-2　菜肴汤汁类食物污渍及其去除

实例	污渍的形成、特点与去除方法
蛋白质污渍	污渍的形成、特点：狭义的蛋白质污渍指禽蛋类的蛋清形成的污渍，也包括一些以蛋清制作的食品污渍。广义的蛋白质污渍指含有各种蛋白质的食物污渍。它们来源于禽蛋类、血及血制品、奶制品、肉类食品、冰激凌或其他含蛋白质的食物。在大多数食物污渍中都可能含有蛋白质。这类污渍往往还含有油脂以及一些糖类、盐分等，色泽多变，而黄色或棕黄色的比例较大，有的还伴有较硬的残留物。 　　蛋白质污渍在服装上残留的形式有两种：一种为蛋清型蛋白质，另一种为溶解型蛋白质。它们都可以用水溶解，在碱性较强的洗涤剂中容易洗净，但是它们会遇热凝固。 　　去除方法：蛋白质污渍都应该首先考虑使用清水洗涤，不宜首先使用热水洗涤；而干洗则不能有效去除蛋白质污渍。所以，洗涤蛋白质污渍的基本程序是：清水充分浸泡—加酶洗衣粉洗涤—去渍处理。 　　面积较大的蛋白质污渍经过清水浸泡以后，可以加入双氧水或彩漂粉洗涤，也能取得比较好的效果
食品类油脂污渍	污渍的形成、特点：各种食品当中大多数都会附着一些油脂，而油炸食品则更为典型。食品类油脂污渍中单纯性油脂不多，常常会伴有一些其他成分。因此，处理这类污渍就应该同时把其他成分考虑进去，如其中可能含有糖类、盐分、蛋白质以及色素等。在食品类油脂污渍中又以各种含油的菜肴汤汁最为普遍，在洗衣店中沾有这类油渍的服装比例最高。所以，用以去除食品类油脂污渍的去渍剂是各个洗衣店必备的，能否将这类污渍彻底去除也就成了衡量一家洗衣店技术水平的尺子 　　去除方法：食品类油脂污渍有可能沾染在各种服装上，从理论上讲，以干洗方式洗涤是最为有效的。但是，实际上由于单纯性油脂污渍所占比例较低，在洗涤这类服装时需要认真分析共存的其他成分。基本上有下面几种模式： 　　① 单纯性油脂污渍：是油脂污渍中最简单的，如滴落在服装上的食物油、食用油炸食品时沾染在服装上的油脂等。这种污渍可以在洗前去除然后水洗或干洗，也可以直接干洗。 　　② 沾染在内衣类服装上面的油脂类污渍：应该采用水洗洗涤。在洗涤前需要使用去除油性污渍的去渍剂先行去渍，然后洗涤。 　　③ 沾染在羊毛衫、羊绒衫、衬衫、T恤、休闲裤一类服装上的油脂类污渍：可以采用干洗，也可以采用水洗。最好在洗涤之前进行去渍处理。如果采用干洗，则在去渍之后应将去渍剂清洗干净再进行干洗。浅色的羊毛衫、羊绒衫去渍后采用手工水洗，然后进行柔软整理，效果可能更好。当然，在具备湿洗条件的洗衣店，服装去渍后采用湿洗效果更佳。 　　④ 沾染在外衣一类服装上的油脂类污渍：使用去渍剂先行去渍，然后干洗。 去除食品类油脂污渍的去渍剂种类比较多，常见的去除油脂的去渍剂按其去渍能力的强度从弱到强排列如下： a.克施勒去渍剂C； b.西施紫色去渍剂； c.福奈特去油剂（红猫）； d.威尔逊公司油性去渍剂Tar Go。 虽然这些都是去除食品类油脂污渍的去渍剂，但是去渍的能力差别很大，其副作用也各不相同。克施勒去渍剂C柔和、安全，副作用小，但速度较慢；威尔逊公司油性去渍剂Tar Go力度最强，去渍效果显著，但副作用也比较大。使用中要有一个摸透各种去渍剂性能的适应过程。 　　一些水洗服装在干燥后有可能残留一些单纯性油渍，这种情况可以使用溶剂汽油擦拭法去除。具体操作如下： 　　将服装翻转从背面进行去渍—使用棉签或干净的布头沾上溶剂汽油擦拭油渍处—擦拭顺序是从周围到中心，溶剂用量外围尽量少，中心适当多—可以使用去渍台，也可以使用干净的布片垫在背面吸附溶解下来的油渍

实例	污渍的形成、特点与去除方法
肉类污渍	污渍的形成、特点：肉类污渍可以分为红肉类污渍和白肉类污渍，也就是含有各种调料的肉类污渍和不含调料的肉类污渍。此外，还有比较少见的生鲜肉类污渍。这些肉类污渍当中含有蛋白质、脂肪、一些可溶性有机物、含氮物质、天然色素、盐类等，大多有比较明显的刺激气味，在湿润的时候更为严重。这类污渍的颜色可以从淡灰黄色到红棕色，大多数表面没有残留物。 去除方法：在去除这类污渍之前不能使用任何加热手段。首先用清水充分清洗，直到清水不能洗下任何污渍为止。如果污渍面积较大可以使用碱性洗衣粉或加酶洗衣粉进行水洗，洗涤的后半程还可以加入彩漂粉或双氧水，具体用量为 0.2%~0.4%，加入彩漂粉或双氧水之后可以适当提高温度到 60~70℃。如果服装不适合水洗或加热，则只能在去渍台上交替使用去除蛋白质和油脂的去渍剂去渍。注意，去渍之前仍然需要使用喷枪进行局部清水处理
菜肴汤汁污渍	污渍的形成、特点：生活中，人们在吃饭的时候很容易把含有油脂的菜肴汤汁洒在服装上面，其中以衬衫、T 恤、羊毛衫等最为常见。这些服装洗涤之后往往其他地方都很干净，只有油渍处留下棕黄色的斑点。当服装的颜色比较浅的时候更使人感到非常棘手，解决这类问题要从洗涤开始。上述服装大多数可以采用水洗，其中羊毛衫、羊绒衫类服装可以手工水洗，有条件的洗衣店最好采用湿洗。 含有鱼、肉类成分的菜肴汤汁是这类污渍的主流，除了含有蛋白质、油脂类物质以外，还含有不同的天然色素、盐分、含氮物质、鞣酸类物质。总体来讲，这类污渍以水溶性污渍为主，目标洗涤对象为蛋白质和脂肪类污渍 去除方法：洗涤这类污渍最为重要的是不宜盲目先行干洗，因为在干洗时将混合在多种污渍中的油脂先行去除，从而使其他污渍失去了载体，并且它们在干洗烘干过程中承受了 60℃的加热。故首先进行干洗，无异于把某些污渍进行加强和固定，使去渍更为艰难。即使是应该进行干洗的服装，也要先去除污渍然后干洗，切本末倒置。 菜肴汤汁污渍最好在洗涤之前去除，先将去除油渍的去渍剂如西施紫色去渍剂、福奈特去油剂（红猫）、威尔逊公司油性去渍剂 Tar Go 等涂抹在污渍处，等待 3~5min，无需进行其他处理直接水洗或湿洗。需要说明的是，涂抹去渍剂的服装要浸入含有洗涤剂的水中才会有效去除污渍，否则在清水中去渍剂经过稀释后去渍能力全无。 还可以先洗涤后去渍。先经过水洗或湿洗，待服装干燥之再行进行去渍处理。这种去渍方式需在去渍台上进行，选用的去渍剂和前述是一致的，但要彻底清除残药。 有时候，最后还会残留某些色素类污渍，不能完全去掉。如果服装可以进行水洗，应使用双氧水整体下水处理或使用彩漂粉处理。如果服装不适合水洗，就要在干洗后使用去除颜色污渍的去渍剂去除，可选用西施棕色去渍剂，也可以使用 1：1 稀释的双氧水点浸去渍，最后要彻底清除残药
番茄酱污渍	污渍的形成、特点：红色的番茄酱沾到服装上面特别显眼，洗不掉很尴尬。常见的番茄酱污渍有两种：一种是单纯的番茄酱，即未经加工的番茄酱；另一种是经过烹制的含有一些油脂和其他调料的番茄酱。前者比较容易去除，后者要考虑油脂部分。 去除方法：如果沾在白色服装上面是最简单的，首先充分水洗，将表面残留物彻底洗净。水洗时要使用合适的洗涤剂。然后使用含有 1%~2%双氧水的热水（温度在 70~80℃）拎洗 3~5min，或使用 20g 保险粉溶液在 5~8L 80℃热水中进行还原漂白。具体选择要看面料的承受能力。 如果把番茄酱沾染在羊毛衫或羊绒衫上面，尤其是含有油脂的番茄酱，在去除的时候就要考虑服装的承受能力和使用最为有效的方法。最好在洗涤前先进行去渍，正式去渍之前需要使用甘油将污渍润湿。方法是将甘油（丙三醇）滴在污渍处等待片刻，待污渍全部润湿后即可进行去渍。使用威尔逊公司油性去渍剂 Tar Go 或西施紫色去渍剂或福奈特去油剂（红猫）将番茄酱进行去除，滴入去渍剂 3~5min 之后，在去渍台上使用清水和冷风交替打掉。不是特别严重的番茄酱污渍大多数在这种情况下就可以去除了。如果还有残存的颜色污渍，最后可使用 1：1 清水稀释后的双氧水滴在残余颜色污渍处进行去除。去除后应彻底清除残药。 沾有番茄酱的服装一定要在干洗前进行去渍，如果先行干洗含有油脂的番茄酱，污渍就不容易洗涤干净了

实例	污渍的形成、特点与去除方法
酱油污渍	污渍的形成、特点：酱油是最常见的调味品，在使用的时候不小心就会沾染在服装上。在许多菜肴当中也会使用酱油，所以在许多菜肴汤汁污渍中酱油也是主角。在酱油污渍中有单纯性酱油渍和油脂性酱油渍。 去除方法： ① 单纯性酱油渍是比较容易洗掉的，一般性水洗可以去掉大部分单纯性酱油渍，残余的部分可以使用含有双氧水的热水浸泡或洗涤。不能下水洗涤的服装可以在去渍台上处理，先使用清水反复多次将酱油浮色充分打掉，再使用经过1∶1清水稀释的双氧水，滴在污渍处慢慢清除残余颜色污渍。 ② 油脂性酱油渍应该在洗涤前进行去除，可以将威尔逊公司油性去渍剂 Tar Go、西施紫色去渍剂或福奈特去油剂（红猫）滴在污渍处，等待 5min 左右，直接投入含有洗涤剂的水中水洗。如果要采用干洗，最好将去渍剂以及颜色污渍在去渍台上清除干净以后再进行洗涤。 ③ 羊毛衫、羊绒衫类服装应在干洗前去渍，干洗后油脂成分被溶解、洗涤干净，然而色素类污渍不容易彻底洗净。有条件的可以采用湿洗技术洗涤这类服装，各方面效果都会不错
辣酱油污渍	污渍的形成、特点：辣酱油除了含有大量酱油以外，还含有一些辣椒油类的物质。 去除方法：去除该污渍时可以参照上述去除酱油污渍的方法进行处理，但是一定要考虑其中含有油脂成分。残余的色素部分可以使用西施棕色去渍剂去除。最后用清水彻底洗净残药
辣椒油污渍	污渍的形成、特点：沾染了红色辣椒油的服装屡见不鲜，各个宾馆酒店中沾满红色辣椒油的餐巾、台布比比皆是。 去除方法： ① 对于全棉面料或化纤与棉混纺的面料或以化纤为主的面料，可以先使用碱性洗涤剂水洗干净之后，再使用去除油渍的去渍剂进行去渍。 上述服装如果是白色纺织品，直接采用氯漂剂洗涤即可；如果是浅色纺织品，还可以加入彩漂粉（1～2g 每升水，70%～80%）或双氧水（1～2g 每升水，70～80℃）洗涤，也能将辣椒油污渍洗净。但是这两种洗涤方法都需要较高温度，多适用于餐巾、台布类的纺织品。 ② 对于需要进行干洗的服装，最好先行去渍。可以使用威尔逊公司油性去渍剂 Tar Go、西施紫色去渍剂或福奈特去油剂（红猫）处理。将去渍剂滴在辣椒油污渍处，等待片刻，使用清水及冷风交替打掉即可；去渍后再进行干洗。如果先进行干洗，残余的颜色污渍就比较难以去除了
芥末酱污渍	污渍的形成、特点：芥末作为调味品，是将芥菜籽经过磨碎制成芥末粉后食用，除了那种特殊的辣味以外，还有黄绿色的颜色。沾染在服装上面的芥末酱，正是这种黄绿色的颜色污渍，它是典型的天然色素。另外一种原名叫"辣根"的调味品，俗称日本绿芥末，味道和食用方法都和一般芥末一样，只是绿颜色更深一些。家庭食用的芥末酱可能是使用芥末粉自己调制的，也可能是买来的成品芥末酱。 沾染了芥末酱的服装上面会有黄绿色的圈迹，一般面积不会太大。由于芥末酱中含有一定的油脂，因此往往在这种圈迹上也含有一些油渍。 去除方法：这种污渍适于先进行去渍，然后洗涤的模式。去渍时，首先要看面料的情况，如果是棉麻类或棉麻与化纤混纺类的面料，可以使用较高温度和碱性洗衣粉洗涤，洗涤过程中加入双氧水进行氧漂，能够比较简单地将芥末酱污渍去除；如果是其他面料则可以使用西施棕色去渍剂先行去渍，然后进行正常干洗或水洗即可。一些不太严重的芥末酱污渍也可以经过水洗之后再行去渍。方法是洗涤之后经过 1∶1 清水稀释后的双氧水滴在污渍处去渍。但是这种方法反应速率比较慢，甚至需要使用多次才能见效；而且每次使用之后还要把前次的去渍剂清洗掉，避免药剂积累腐蚀面料
芥末油污渍	污渍的形成、特点：芥末油是芥末子的精油，是芥末类调味品的精制产品，食用效果与芥末酱相同。芥末油污渍则与芥末酱污渍有一些差别，其主要成分是油脂和天然色素。 去除方法：如果是水洗的服装，既可以洗涤前去渍，也可以洗涤后去渍；如果是干洗的服装最好在干洗前去渍。去渍时可直接使用西施紫色去渍剂或福奈特去油剂（红猫）。这两种去渍剂与水兼容，去渍后直接水洗即可。干洗前的去渍也可以使用上述去渍剂，但是去渍后需使用清水去除多余的去渍剂，然后干洗

续表

实例	污渍的形成、特点与去除方法
蛋黄酱污渍	污渍的形成、特点：蛋黄酱即色拉酱（沙拉酱），主要成分是蛋黄和油脂，此外就是一些调味品。较大量的蛋黄酱会有一些表面堆砌状的残余物，周围还会有油圈，形成黏性污渍。这些黏性污渍可以经过水泡软去除。 去除方法： ① 较轻的蛋黄酱污渍涂抹一些去除油渍的去渍剂直接水洗即可去除，可使用西施紫色去渍剂或福奈特去油剂（红猫）等；浓重的蛋黄酱污渍需要先行去渍然后洗涤。 ② 如果蛋黄酱沾染在只能干洗的服装上，则需要使用去除油渍的去渍剂去除后干洗。注意：若不经过去渍直接干洗会使去渍变得更加复杂。一些颜色比较娇艳的真丝服装沾染蛋黄酱后，有可能成为去除不掉的顽固污渍；比较陈旧的蛋黄酱污渍去除后可能留有淡淡的黄色，则需要使用双氧水进行去除。具体方法是用棉签将 1∶1 稀释后的双氧水点染在污渍处，一般需要经过 15～25min 之后即可去除，然后清洗残药。对较为严重的污渍还可以重复上述操作
色拉油污渍	污渍的形成、特点：国产色拉油多数由食物油精制而成，一般颜色较浅。 去除方法：可以按照一般油脂污渍处理。单纯的色拉油只需使用汽油、四氯乙烯等溶剂去除即可。但是大多数色拉油可能含有其他成分，如蛋白质、糖类、盐分等。含有色拉油的污渍在长时间放置后容易被空气氧化，会增加去渍的难度。 这类污渍最好是先进行水洗，然后使用克南勒去渍剂 B 或西施黄色去渍剂、西施红色去渍剂去除。如果是需要干洗的服装，可以使用上述去渍剂先行去除污渍然后干洗。注意：去渍后，应该将残药去除干净
咖喱污渍	污渍的形成、特点：调味品咖喱是含有油脂的粉状物，有明显的辛辣味。服装上的咖喱污渍都是经过烹制后的菜肴汤汁，所以也会混有烹调油脂、蛋白质、淀粉，以及一些盐、糖等调味品，其中咖喱是最为主要的污渍。 去除方法：去除咖喱污渍要先将含有油脂的部分使用去渍剂清除。可以使用如威尔逊公司油性去渍剂 Tar Go、西施紫色去渍剂和西施黄色去渍剂处理，或使用福奈特去油剂（红猫）处理。残存的色素类污渍可以使用西施棕色去渍剂去除，也可以使用 1∶1 清水稀释的双氧水去除。最后将残存的药剂去除干净即可
姜黄污渍	污渍的形成、特点：姜的黄渍大多与其他调料混合而成，极少单独形成污渍，主要为黄色污渍，多数可能含有油脂。 去除方法：与咖喱污渍相同
蟹黄汤污渍	污渍的形成、特点：螃蟹是多数人都喜欢的食物，含有蟹黄的菜肴汤汁也就成了常见的污渍。洒在服装上的蟹黄汤多数是黄色或灰黄色污渍，个别的也有橙黄色污渍，其主要成分是油脂、蛋白质以及脂肪性色素。 去除方法： ① 如果沾有蟹黄的服装是棉或棉混纺的面料，经过较高温度和加碱性洗涤剂的水洗就能够去掉大部分蟹黄汤污渍；然后使用西施黄色去渍剂和西施红色去渍剂去除即可。 ② 如果沾染了蟹黄污渍的服装不适合水洗，最好在干洗前使用上述两种去渍剂去渍，然后进行干洗。这是因为蛋白质类的污渍经过干洗过程中的烘干，就会牢固地固定在服装上，更加难以去掉。服装如果已经干洗完毕，使用上述去渍剂就要花费较长时间进行去渍。残余的颜色污渍还可以使用经过 1∶1 清水稀释的双氧水处理。具体操作可参照去除芥末油污渍的方法
麻辣烫污渍	污渍的形成、特点：麻辣烫、火锅的油汤是非常浓厚的汤汁，含有大量油脂、蛋白质、调料和色素，是食物类型的污渍中最为顽固的污渍。 去除方法： ① 如果麻辣烫污渍洒在台布、口布等上面，专业洗衣厂使用高温、强碱、氯漂等诸多手段，才能彻底洗净。 ② 如果麻辣烫污渍洒在一般服装如衬衫、T 恤、羊毛衫、一般外衣等上，就必须使用去渍剂进行去渍操作才能洗涤干净。沾有麻辣烫油汤的服装最好采用水洗，洗前使用去除油性污渍的去渍剂如威尔逊公司油性去渍剂 Tar Go、西施紫色去渍剂和西施黄色去渍剂进行预处理，或使用福奈特去油剂（红猫）处理亦可。 ③ 不能水洗的服装，也应该在干洗前进行预处理，先去渍再干洗

实例	污渍的形成、特点与去除方法
肉卤汁污渍	污渍的形成、特点：肉卤汁污渍是指各种肉制食物或菜肴的汤汁，含有丰富的油脂、蛋白质，还含有盐、糖、各类色素等，是水溶性污渍和油性污渍的混合物。这类污渍大多是黄色到棕色的，在服装表面有可能有一些发硬，使用指甲刮擦时污渍颜色变浅，有时呈粉粒状。 去除方法：这类污渍如果在需要干洗的服装上，一定要先去渍后干洗。如果采用水洗，不能使用热水；水洗的这类服装可以先去渍，也可以后去渍。 去渍时可使用威尔逊公司油性去渍剂 Tar Go、西施紫色去渍剂和西施黄色去渍剂处理，或使用福奈特去油剂（红猫）处理亦可。如果留有带颜色的残渍还可以使用西施棕色去渍剂
鱼汤汁、鱼冻污渍	污渍的形成、特点：鱼汤汁、鱼冻污渍与肉卤汁污渍基本是一样的。这类污渍的表面状态和气味都会有一些差别，但是其基本性质和去渍方法都比较相似。 去除方法：一般不适宜先进行干洗，如需干洗应先去渍。可以参照上述去除肉卤汁污渍的方法操作
鱼腥类黏液污渍	污渍的形成、特点：在鱼类的表皮和鱼的各种内脏等处都有鱼腥类黏液，其本身大多数没有颜色，部分可能混有一些血渍，沾染到服装上就形成鱼腥类黏液污渍，干燥后就会形成淡灰色污渍，其主要成分以蛋白质为主。 去除方法： ① 如果这类污渍沾染在可以水洗的服装上，在尚未洗涤前可以先行用水湿润，然后滴入一些衣领净一类的预处理剂，等待片刻，进行水洗即可，这种方法能够使大多数鱼腥类黏液污渍洗净。残余的污渍使用西施红色去渍剂去除即可。 ② 如果服装不适宜水洗，这类污渍最好在洗涤前去除，然后干洗。选用的去渍剂与水洗时去渍一样
蛋清、蛋黄污渍	污渍的形成、特点：如果能够确认是蛋黄、蛋清污渍，切勿一开始就使用热水洗；否则污渍会牢牢固着在服装上，从而极难去除。 去除方法：这类污渍在尚未干燥时可以直接滴入西施红色去渍剂进行去除，能够收到很好的效果。大多数干涸的蛋清、蛋黄污渍需要先使用温水湿润一下，然后去除。当蛋黄的成分比较多时，还需要使用去除油渍的去渍剂如西施紫色去渍剂或福奈特去油剂（红猫）等处理。去除污渍后彻底去除残药。 ① 用35℃的甘油擦拭后，用温水和肥皂、酒精洗涤，最后用清水漂洗。 ② 丝织品上的蛋黄污渍，可用 10%氨水 1 份、甘油 20 份、水 20 份混合成溶液后，用布蘸液擦洗，再用清水洗涤
淀粉类污渍	污渍的形成、特点：淀粉类污渍是指米汤、面汤以及淀粉含量较大的一些菜肴汤类产生的污渍。这类污渍大多数表面为白色颗粒状，黏附在服装表面有一些发硬的感觉，使用指甲刮擦后原有污渍的颜色变浅或发白。 去除方法： ① 这种污渍不宜使用热水洗涤，最好是先使用冷水浸泡一会儿，然后水洗。残余的污渍使用西施棕色去渍剂或 1∶1 清水稀释的双氧水去除。 ② 不适宜水洗的服装，也应该使用清水充分浸润将淀粉类污渍清除后，再进行干洗

第三节　饮料、酒水类污渍及其去除实例

　　饮料、酒水类污渍有可可污渍；柑橘汁类饮料污渍；红酒污渍；白酒污渍；啤酒污渍；可乐型饮料污渍；茶水污渍；牛奶污渍；咖啡污渍；果味饮料污渍；植物蛋白饮料污渍；等等。去除这些污渍的方法见表 8-3。

表8-3　饮料、酒水类污渍及其去除

实例	污渍的形成、特点与去除方法
可可污渍	污渍的形成、特点：可可作为食品，大都和牛奶以及奶油相关联，同时还可能含有相当数量的淀粉类食品添加剂。这种污渍大都为浅棕色，含糖的可可污渍还会有些发黏，干涸的、时间较长一些的污渍很可能有些发硬，是非常典型的复合污渍，即含有油脂、蛋白质、糖类以及色素类污渍 　去除方法：去除可可污渍需要兼顾以下方面：该洗涤的服装不论适宜水洗还是适宜干洗，都需要先进行去渍处理；切忌盲目地先进行干洗，然后考虑去渍，这样就会使各种污渍通过干洗固着在服装上，反而极难去除 　① 去除时要先进行水洗或使用清水浸润，然后使用去除油脂的去渍剂如西施紫色去渍剂或福奈特去油剂（红猫）等处理，最后清除色素类污渍。 　② 用热水强洗污渍处，如不能除去，再用3%的双氧水擦拭，然后用清水洗涤。 　③ 可用浓食盐水洗刷，后用清水洗涤。 　④ 用布蘸10%的氨水擦拭后，用水漂洗。贵重织物，可在溶液中加些甘油
柑橘汁类饮料污渍	污渍的形成、特点：橘子、橙子以及柑子一类水果的汁水是极有机会沾染到服装上的。柑橘汁含有一些果酸、果糖、植物色素以及鞣酸类物质。初期颜色不会太深，经过空气的氧化，污渍颜色逐渐加深，从黄色到棕色。这类污渍受到干热后较易固着在纤维上；沾染后的时间越长，污渍就越牢固。 　去除方法： 　① 比较新鲜的柑橘汁污渍可以使用柠檬酸处理，将柠檬酸溶解成5%左右的溶液涂抹在污渍处就能去除。 　② 较为严重的污渍可以使用1%～3%柠檬酸溶液浸泡，水温控制在40℃以下，浸泡时间为30～120min。浸泡过程中应该进行必要的翻动。 　这类污渍的主要成分都是水溶性的，基本上不含有油脂，所以去除时可以选择西施黄色去渍剂和西施红色去渍剂。去渍后再进行干洗。如果是适宜水洗的服装，也可以将彩漂粉加入洗涤液中进行水洗，或在洗涤液中加入双氧水进行洗涤。需要说明的是，使用彩漂粉或双氧水时洗涤温度需要保持在70～80℃，因此必须视服装的承受能力决定。 　③ 用50℃的温甘油擦拭、水洗，再用10%的乙酸溶液擦拭后清洗
红酒污渍	污渍的形成、特点：红酒泛指各种葡萄露酒、红葡萄酒和一些诸如樱桃、草莓等含酒精带有红颜色的果酒。酒在服装上的红酒会有一片红棕色或黄棕色污渍，有的还会在污渍周围渗出淡色圈迹。仔细触摸污渍区域还会比较硬一些，那是因为红酒中含有糖分和氨基酸。 　去除方法：沾染了红酒的服装应该先水洗，将红酒的大部分洗掉，较陈旧的污渍还可以滴入一些酒精去除。如果不宜采用水洗的服装，也应该在去渍台上将红酒部分使用清水彻底清洗，然后才可以干洗。如果盲目地先进行干洗，然后进行去渍，困难会大得多。经过清水处理的红酒部分几乎只有色素了，根据服装的情况可以分别进行处理。如果是全棉或棉混纺服装，可采用碱性洗涤剂适当提高洗涤温度机洗，在洗涤的过程中还可以加入双氧水，直接将红酒的色素去掉。干洗的服装可以经过润湿后使用西施黄色去渍剂和西施红色去渍剂去除
白酒污渍	污渍的形成、特点：白酒是没有颜色的蒸馏酒，按照常理应该没有色素或者能够成为污渍的残留物。但是服装上洒上白酒以后仍然会留下一些污渍，有的甚至还很严重。这是因为白酒中含有多种氨基酸以及不同类型的糖类，在白酒干涸以后会浓缩在服装上形成污渍。 　去除方法： 　① 如果已经知道某一片污渍是白酒造成的，可以使用清水和酒精交替进行溶解，还可以使用去除蛋白质、糖类的去渍剂去除。如用西施黄色去渍剂、西施红色去渍剂去除。 　在去渍之前不宜先进行干洗，因为干洗过程的烘干程序会将一些有机物固定在服装的面料上，从而成为更为难以去除的污渍。 　处理酒类污渍时，如果是白色棉纺织品，可以使用碱性洗涤剂适当提高洗涤温度进行水洗解决。 　② 可以用肥皂、松节油、氨水的混合液揩拭，然后用清水洗涤。配比是：肥皂∶松节油∶氨水=10∶2∶1

续表

实例	污渍的形成、特点与去除方法
啤酒污渍	污渍的形成、特点：啤酒洒在服装上面如果仅仅是一小片，经过水洗或在去渍台上使用清水处理之后，大多数会只剩下淡淡的灰黄色污渍。如果服装上大面积洒上了啤酒，洒上啤酒的部分就会变得比较硬，颜色也会比较深，在一个明显的范围内可以感到有残留物，这是由于啤酒富含糖类、氨基酸以及多种其他有机物。 去除方法：通过水洗能够把服装表面大多数有机物去掉，但是仍然需要进行去渍。去除啤酒污渍的去渍剂可以选用西施黄色去渍剂和西施红色去渍剂，也可以使用棉签将经过 1∶1 清水稀释后的双氧水点浸在污渍处去除。如果是白色或浅色的棉纺织品还可以使用双氧水或彩漂粉洗涤去除
可乐型饮料污渍	污渍的形成、特点：可口可乐是全球销售量最大的碳酸饮料，那棕色的液体已经成为一种饮料类型的标志。然而，可口可乐洒在服装上形成的色渍比其他饮料污渍显得浓重。可乐的颜色是焦糖带来的，此外，可乐中还有蔗糖、有机酸、鞣酸及一些其他物质。因此，可乐的污渍主要是天然色素。 去除方法：经过清水处理掉糖分以后，在去渍时应以使用西施黄色去渍剂和西施橙色去渍剂为主。如果是白色或浅色纺织品还可以使用氧漂剂进行整体拎洗。不适合用水洗涤的服装，可先在去渍台上去渍然后干洗。干洗后去渍的效果不如干洗前好。 比较新鲜的可乐污渍还可以使用柠檬酸处理，将柠檬酸溶解成 5%左右的溶液涂抹在污渍处就能去除。较为严重的还可以使用 1%～3%柠檬酸溶液浸泡。水温控制在 40℃以下，浸泡时间 30～120min。浸泡过程中应该进行必要的翻动
茶水污渍	污渍的形成、特点：茶水最容易洒在服装上，人们往往也不会太在意。但是洒上茶水的服装若是白色或浅颜色的，时间稍微长一些就会出现灰黄色的污渍。 去除方法： ① 白色服装可以进行低温低浓度氯漂或使用保险粉进行还原漂白。如果是浅色服装就要认真地进行去渍了。面积稍大的茶水污渍可以使用彩漂处理（彩漂粉 20～30g 每件服装；10～15 倍 80℃热水；拎洗 5～10min）；面积较小的茶水污渍可以使用经过 1∶1 清水稀释的双氧水点浸污渍处，由于反应比较慢，需要耐心等待几分钟，然后使用冷水和冷风打掉。有的茶水污渍需要反复处理几次才能彻底去除。 不能使用水洗的服装还可以使用去除含有鞣酸的去渍剂去除茶水污渍，如用西施黄色去渍剂或西施橙色去渍剂去除。 ② 先用洗涤剂洗涤后，在水里加入几滴氨水和甘油的混合液洗涤，但是含有羊毛的混纺织物不适宜用氨水洗，而用 10%的甘油洗。 ③ 另外，可用 10%的草酸溶液润湿 10min 后，再用水洗
牛奶污渍	污渍的形成、特点：牛奶污渍是以脂肪和蛋白为主的混合物，比较新鲜的牛奶污渍很容易通过水洗洗涤干净。然而，干涸的牛奶污渍需要进行专门的去渍处理。 去除方法：只要没有经过高温处理的牛奶污渍，都可以使用衣领净浸润之后水洗即可将其洗净。时间长一些的牛奶污渍可以使用西施黄色去渍剂和西施红色去渍剂去除。牛奶污渍最怕经过较高温度处理，经过高温处理的牛奶污渍会牢固地固定在纤维上，成为很难去除的污渍。 准备干洗的服装，最好先进行去渍然后干洗。如果先进行干洗，烘干后的牛奶污渍就会牢牢固定在纤维上，成为很难去除的顽固污渍
咖啡污渍	污渍的形成、特点：咖啡污渍的性质和茶水污渍类似，含有一些鞣酸和多种氨基酸类物质。咖啡污渍的颜色也是棕色的，但要比茶水污渍更深一些。由于饮用咖啡往往会加入牛奶、糖等，因此咖啡污渍的成分比起茶水污渍更为复杂一些。 去除方法：去除咖啡污渍适宜在洗涤之前进行，可以先使用清水去除表面的浮垢，然后使用西施黄色去渍剂和西施橙色去渍剂去除咖啡污渍。如果污渍表面没有类似油脂的物质，经过水处理后，也可以使用 1∶1 稀释的双氧水采用点渍方法去除咖啡色渍。 如果大面积的咖啡洒在台布等棉织品上，还可以使用氧漂或彩漂的办法洗涤，也能够有效地去除咖啡的污渍

续表

实例	污渍的形成、特点与去除方法
果味饮料污渍	污渍的形成、特点：果味饮料（汽水）和果汁饮料是完全不同的东西，虽然都有水果味道和颜色，但是它们的组成有很大的差别。果汁饮料的颜色是天然色素，而果味饮料的颜色是食用色素。 去除方法： ① 果味饮料污渍应该按照染料类污渍对待。首先，采用水洗方法将饮料中的糖分洗净，如果不能水洗可以在去渍台上使用清水清除糖分；然后，采用氧化方法（使用彩漂粉或双氧水漂除）去除色素。不能水洗的服装在使用清水清除糖分以后，可以使用西施棕色去渍剂去除残余的色素。果味饮料的色素虽然属于食用染料，但是毕竟和纺织品使用的染料有很大区别，一般无须使用漂白剂处理。 ② 新渍可用浓食盐水擦洗，或将盐水洒在污处，再用水润湿，放入肥皂液中洗涤。 ③ 白色织物上的果味饮料污渍，用布蘸滴加含几滴氨水的 3%的双氧水，将污处湿润后用净布擦拭，阴干。 ④ 可用 3%～5%的次氯酸钠溶液擦拭，若沾污时间较长，可将污处浸在溶液中 1～2h 后，用刷子刷净并用清水漂洗。 ⑤ 桃汁因含高价铁，可用草酸溶液去除
植物蛋白饮料污渍	污渍的形成、特点：植物蛋白饮料是近年来兴起的新型饮料，如椰子汁、杏仁露、花生饮、马蹄爽等。它们外观像牛奶，但各具特别风味。这类饮料如果洒在服装上面就形成了植物蛋白饮料污渍。它既不同于水果类型饮料，也不完全像牛奶。 去除方法：要特别指出的是这类污渍不要先进行干洗，在没有完全处理干净之前也不要熨烫服装。去除这样的污渍首先是进行水洗，先将表面污垢去掉；然后使用去除蛋白质污渍的去渍剂去掉残余的污渍。这类污渍可使用西施黄色去渍剂和西施红色去渍剂处理，也可以使用领洁净一类的洗涤助剂处理

第四节　水果、蔬菜、食品类污渍及其去除实例

　　水果、蔬菜、食品类污渍有：鞣酸类污渍；蔬菜污渍；水果污渍；浆果类污渍；西瓜汁污渍；橘子汁污渍；葡萄汁污渍；杨梅污渍；果酱污渍；蜂蜜污渍；糖污渍、糖浆污渍；焦糖污渍；口香糖污渍；牛奶巧克力污渍；蛋糕奶油花污渍；冰激凌污渍；水果汁水污渍；糖果汁水污渍；柿子汤污渍；青核桃皮污渍；食物性染料污渍；等等。上述污渍去除方法见表 8-4。

表 8-4　水果、蔬菜、食品类污渍及其去除

类型	污渍的形成、特点与去除方法
鞣酸类污渍	污渍的形成、特点：鞣酸类污渍来自很多方面，包括各种水果类的汁水，茶水、咖啡、可乐类饮料，某些酒类，青草以及树木的汁水，等等。 去除方法：沾染在蛋白质纤维纺织品如丝绒、呢绒、绸缎上的鞣酸类污渍较难去除，棉麻类织物上的陈旧性污渍也不易彻底清除。去除鞣酸类污渍需要先经过润湿，然后使用能够去除鞣酸类污渍的去渍剂如西施黄色去渍剂和西施橙色去渍剂进行去渍。 含有鞣酸的污渍往往在去渍后还会留有一些色迹，可以使用双氧水进行处理

续表

类型	污渍的形成、特点与去除方法
蔬菜污渍	污渍的形成、特点：蔬菜污渍大都含有叶绿素，因其品种不同还会含有其他不同成分，如鞣酸、糖分、植物色素等。 　去除方法：比较轻的和新鲜的污渍清水即可去除，严重的需要进行水洗或在去渍台上处理。如果是可以承受较高温度的服装，直接使用洗衣粉加彩漂粉洗涤即可。不能水洗或不宜承受高温的服装可在去渍台使用去渍剂去除。去渍剂可以选用西施黄色去渍剂和西施橙色去渍剂。 　刚刚沾染上的蔬菜污渍还可以使用5%的柠檬酸溶液涂拭，也能够比较容易去除。去除污渍后应把去渍剂清洗干净。较为严重的污渍可以使用1%～3%柠檬酸液浸泡，水温控制在40℃以下，浸泡时间30～120min。浸泡过程中应该进行必要的翻动
水果污渍	污渍的形成、特点：水果污渍主要指苹果、桃子、梨子、李子、樱桃等各类水果的污渍。 　去除方法：新鲜的水果污渍使用5%柠檬酸溶液涂抹，然后使用清水漂洗，大都能够取得较好的效果。已经形成一段时间的比较轻的水果污渍可以使用含有3%左右氨水、40%酒精、其余是水的混合液处理。严重的污渍或不宜水洗的服装则需要去渍处理，选用西施黄色去渍剂和西施橙色去渍剂处理。 　比较新鲜的水果污渍还可以使用柠檬酸处理，将柠檬酸溶解成5%左右的溶液，涂抹在污渍处就能去除；较为严重的污渍可以使用1%～3%柠檬酸溶液浸泡。水温控制在40℃以下，浸泡时间为30～120min。浸泡过程中应该进行必要的翻动。 　一些适宜较高温度水洗的服装还可以采用彩漂粉进行彩漂洗涤，这类污渍能够比较容易洗净。 　经过洗涤后残余的植物色素还可以使用双氧水去除
浆果类污渍	污渍的形成、特点：浆果类水果主要指草莓、桑葚、葡萄等。这类污渍比较容易被纺织品吸收，在红黄色污渍的周边也可能有一些蓝色的圈迹。干涸的污渍含有较多糖分以及一些果酸。 　去除方法：比较新鲜的污渍可以使用5%柠檬酸溶液涂抹，然后水洗或使用清水清除。还可以使用1%～3%柠檬酸溶液浸泡，水温控制在40℃以下，浸泡时间为30～120min。浸泡过程中应该进行必要的翻动。 　一些适宜较高温度水洗的服装还可以采用彩漂粉进行洗涤，这类污渍能够比较容易洗净。如果干洗前去渍，可以使用西施黄色去渍剂和西施橙色去渍剂去除。 　经过洗涤后残余的植物色素还可以使用双氧水去除
西瓜汁污渍	污渍的形成、特点：瓜汁是水果污渍中较为容易去除的污渍，主要成分是糖分和一些植物色素。 　去除方法： ① 这种污渍经过充分水洗之后，使用彩漂粉或双氧水进行氧漂处理，一般都能获得较好的效果。氧漂液中双氧水或彩漂粉的含量在0.5%～1%，使用温度70～80℃，处理时间5～10min。如果服装不适宜水洗，干洗前使用去除果汁的去渍剂如西施黄色去渍剂和西施橙色去渍剂去除这类污渍即可。比较新鲜的西瓜汁污渍还可以使用1%～3%柠檬酸溶液浸泡，水温控制在40℃以下，浸泡时间为30～120min。浸泡过程中应该进行必要的翻动。 ② 浸水后加几滴10%乙酸溶液擦拭，再用清水漂洗
橘子汁污渍	污渍的形成、特点：橘子汁污渍的成分包括糖分、果酸、维生素、色素和一些其他物质等，总体来讲，成分不算太复杂，但是其中也会有一些鞣酸类物质。 　去除方法：新鲜的橘子汁污渍要比陈旧的容易去除。经过氧化的橘子汁有时会因为沾染在蛋白质纤维上成为顽固污渍，去除方法与去除西瓜汁污渍类似。白色纺织品还可以使用保险粉进行还原漂白。适合水洗的家居纺织品或儿童服装使用彩漂粉或双氧水洗涤效果会更好一些。 　比较新鲜的橘子汁污渍还可以使用柠檬酸处理，将柠檬酸溶解成5%左右的溶液，涂抹在污渍处就能去除。也可以使用1%～3%柠檬酸溶液浸泡，水温控制在40℃以下，浸泡时间为30～120min。浸泡过程中应该进行必要的翻动

续表

类型	污渍的形成、特点与去除方法
葡萄汁污渍	污渍的形成、特点：葡萄汁污渍的颜色与其他水果不大相同，其颜色多数是灰白色或淡紫色，很少有黄色或棕色；其鞣酸的含量会多一些，去除的难度也会大一些。 去除方法：与其他水果污渍类似，可以使用氧漂处理，一般都能够获得较好的效果。不能采用水洗的服装可以先去渍，选择去除果汁的去渍剂如西施黄色去渍剂和西施橙色去渍剂去除即可，然后干洗。注意，不宜先行干洗，否则去渍时会增加难度。 比较新鲜的葡萄汁污渍还可以使用柠檬酸处理，将柠檬酸溶解成 5% 左右的溶液，涂抹在污渍处，就能去除。也可以使用 1%～3% 柠檬酸溶液浸泡，水温控制在 40℃ 以下，浸泡时间为 30～120min。浸泡过程中应该进行必要的翻动
杨梅污渍	污渍的形成、特点：杨梅呈深红色到紫黑色，酸甜可口，汁水丰富，含有丰富的果酸、果糖和维生素。由于其果肉的颜色浓重，沾染到服装上往往留下较深的颜色污渍，呈黄棕色到紫褐色。 去除方法：这种污渍仍然可以使用氧漂方法处理。对于不宜使用水洗的服装，则使用西施黄色去渍剂和西施橙色去渍剂去除杨梅污渍即可。陈旧性的色素也可以使用双氧水点浸方法去除。注意一定要把残药清洗干净
果酱污渍	污渍的形成、特点：果酱的原料是水果，但是其中添加了一些食用纤维素、蔗糖、香料，甚至还有食用色素。这类污渍沾染到服装上之后，会结合得比较牢固。干涸的果酱污渍甚至需要反复去除才能彻底脱落。 去除方法：去除这种污渍时需要将其润湿软化，将表面部分清除掉，然后逐步去除渗入纤维的部分，必要时可以使用蒸汽或热水适当加热。如果需要还可以从服装的背面使用喷枪清除。果酱污渍的颜色往往不大明显，有形物质去掉后基本上可以大功告成了。个别的残余颜色则可以使用西施黄色去渍剂和西施橙色去渍剂去除
蜂蜜污渍	蜂蜜污渍会牢牢粘在服装表面，陈旧性污渍还会渗入面料纤维中。从表面看，它属于黏性污渍，有时还有板结的硬块。用指甲刮擦会有白色或浅色区域，嗅一嗅有和水果、糖果污渍完全不同的味道。 去除方法：以水溶解去除为主，可以反复使用清水清洗或使用清水喷枪清除，必要时可以适当加热，不可操之过急，直至将其彻底洗净。蜂蜜污渍大多数不会留下带有颜色的残渍。如果留有残渍使用双氧水点浸法去除即可
糖污渍、糖浆污渍	污渍的形成、特点：由溶化的糖或糖的浆汁形成的污渍，比上述果酱或蜂蜜的污渍更为顽固。其表面为白色或灰色，干燥时污渍发硬，湿的时候较黏。虽然污渍本身比较简单，但是往往使用多种方法处理仍然难以洗净，成为莫名其妙的顽固污渍。造成这种情况的原因，大多数是没有能够准确识别这种污渍。糖污渍或糖浆污渍沾染在服装上之后很快就干涸，形成固体糖，而固体糖的溶解速度非常慢。那种滴一滴去渍剂片刻后就打掉的去渍方法往往无济于事。于是频频更换去渍剂，反复使用清水喷枪或蒸汽喷枪处理，结果只见污渍减轻不见完全去除。最后留下了淡淡的灰色污渍，既不发硬也不发黏，成为莫名其妙的顽固污渍。 去除方法：处理这类污渍要采取清水加机械力的方法。首先，在干燥的时候先用手揉搓一下，然后清水处理。使用风枪打干以后再揉搓一下，再使用清水处理。数次反复即可彻底清除。这种方法可以用于大多数服装，如果是真丝服装则小心处理，防止跳丝、并丝和脱色
焦糖污渍	污渍的形成、特点：单纯的焦糖污渍并不多见，其大多含在某些食物当中，如可乐型饮料、酱类调味品、一些焦糖色食品等。它很容易渗透到面料内部，当含量较多时服装表面会有发硬的区域，用指甲刮擦则有发白的痕迹。 去除方法：这类污渍除了比较特别的以外大都是水溶性的，但是需要反复用水浸润，使之逐渐溶解才能彻底去掉。当一些服装上的污渍反复使用多种去渍剂去除仍然不见效时，就要考虑是不是这种污渍。只要使用清水充分处理就会见效的污渍，多半是焦糖污渍。最后的残余（黄色）可以使用 1∶1 稀释的双氧水点浸，也可以使用西施黄色去渍剂和西施橙色去渍剂去除

类型	污渍的形成、特点与去除方法
口香糖污渍	污渍的形成、特点：口香糖和香口胶是许多年轻人的最爱，但是吃剩下的胶体却是种处处找麻烦的东西。口香糖不论粘到什么地方都是很难处理的，为此有的国家立法严禁生产、进口、出售和食用口香糖。由此可见口香糖问题之严重。 　　去除方法：粘上口香糖的服装可以有多种去除污渍的方法，选择的原则是要看服装的面料和结构。大多数服装在干洗时，可以很容易地将口香糖的大部分洗掉，而剩下粘在面料表面的灰白色残渍需要进行专门去渍。由于干洗之后胶体中的胶性物和脂性物已经溶解掉，仅仅剩下不溶性固体污渍，去除起来比较费事。所以，粘上口香糖的服装最好不要先进行干洗，可以在洗涤之前先行去渍。首先使用蒸汽喷枪将口香糖污渍加热，使之软化，这时可用手直接取下表面的胶体；然后将服装翻转过来，把有污渍一面放在去渍台上（或放在能够吸附污渍的干净布片上）使用去除油性污渍的去渍剂，如福奈特去油剂（红猫）、西施紫色去渍剂、威尔逊公司油性去渍剂 Tar Go 等逐渐溶解污渍，再使用喷枪去除即可。最后还要用清水彻底清除残药
牛奶巧克力污渍	污渍的形成、特点：牛奶巧克力是油脂、糖分、蛋白质和天然色素的混合物，它和蛋白质纤维有很好的结合能力，但与涤纶、锦纶等合成纤维的结合能力稍差。 　　去除方法：使用福奈特中性洗涤剂可以将大部分表面污垢去除；最后剩余的残渍可以使用去渍剂去除，可选择西施黄色去渍剂和西施红色去渍剂处理。 　　沾染了牛奶巧克力最好不要先进行干洗，去渍后不论干洗或水洗都会比较简单方便
蛋糕奶油花污渍	污渍的形成、特点：蛋糕的花式奶油是最容易沾到服装上面的，尤其是儿童的服装，常常在吃蛋糕时被涂抹得乱七八糟。其实奶油的成分不是特别复杂，而且蛋糕上面的奶油经过膨化和加入了一定糖分。 　　去除方法：如果没有其他因素，只要仔细水洗有时也能取得很不错的效果。服装放置一段时间或又通过奶油沾染了其他污渍，处置起来就比较麻烦了。能够水洗的服装可以使用去油剂先行处理一下，然后进行正常水洗。不能水洗的服装也需要先去渍，然后干洗。如果还有残余的污渍可以使用西施黄色去渍剂和西施红色去渍剂去除
冰激凌污渍	污渍的形成、特点：冰激凌的成分和花式奶油或冰棒、雪糕差不多，其中含有牛奶、糖分、奶油、巧克力以及天然色素。 　　去除方法： 　　① 去除这类污渍的方法和前面讲述的牛奶巧克力、花式奶油等食物类污渍相类似。可以使用西施黄色去渍剂和西施红色去渍剂先行去除主要污渍，然后进行水洗即可。如果是不能水洗的服装，则需要在干洗前认真去渍，使用上述去渍剂清除干净后，再行干洗。 　　② 用四氯化碳润湿再水洗，如不干净可用蛋白酶化剂处理 30min 后水洗
水果汁水污渍	污渍的形成、特点：水果汁水因品种不同而异，大多数水果汁水含有果酸、果糖、微量元素和天然色素等；也有一些水果汁水除了含有上述成分以外，还含有鞣酸类物质。含有这类成分的水果汁水污渍比较难于洗涤干净。 　　去除方法： 　　① 一般来说，新鲜的水果汁水比较容易去除，陈旧性的水果汁水去除起来会难一些。果酸、果糖等成分经过水洗就能很容易去掉，残留下来的主要是色素或鞣酸氧化后的颜色。如果是适宜水洗的服装，可以使用彩漂粉进行处理；如果服装不能水洗，可以使用西施黄色去渍剂和西施橙色去渍剂去除这类污渍。较小的斑点状水果汁水污渍也可以使用双氧水稀释后点浸法去除。 　　比较新鲜的水果汁水污渍还可以使用柠檬酸处理，将柠檬酸溶解成5%左右的溶液，涂抹在污渍处就能去除。也可以使用1%～3%柠檬酸溶液浸泡，水温控制在40℃以下，浸泡时间为30～120min。浸泡过程中应该进行必要的翻动。 　　② 新渍可用浓食盐水搓洗，或将盐水洒在污处，再用水润湿，放入肥皂液中洗涤。 　　③ 白色织物，用布蘸滴加有几滴氨水的3%的双氧水，将污处湿润后用净布擦拭，阴干。 　　④ 可用3%～5%的次氯酸钠溶液擦拭，若沾污时间较长，可将污处浸在溶液中1～2h后，用刷子刷净并用清水漂洗。 　　⑤ 桃汁因含高价铁，可用草酸溶液去除

续表

类型	污渍的形成、特点与去除方法
糖果汁水污渍	污渍的形成、特点：糖果汁水污渍是比较容易去除的，但是人们往往被其表面现象迷惑。糖果汁水污渍属于黏性的水溶性污渍，干涸以后不大容易溶解，常常出现灰色斑点状污渍，经过多种去渍剂处理往往还是留有残渍，容易被认为是不知名的污渍。 去除方法：在糖果汁水污渍干燥时用手揉搓一下，就会发现表面立即变色脱落。但这只是假象，使用清水或冷风后，污渍还会出现，需经过反复处理才能彻底去掉
柿子汤污渍	污渍的形成、特点：在北方的冬天，柿子是非常好的水果，软软的柿子最受老人和孩子欢迎。然而，柿子汤洒在服装上就会成为大问题。柿子汤有一个非常特别的现象，刚刚洒上的时候是黄色的，随着时间的延长颜色会越来越深，直至变成深棕色。随着颜色变深，污渍也会越来越难洗净。这是由于柿子汤含有一些鞣酸类成分，经过空气氧化，颜色就会变深并且牢固地结合在纤维上。 去除方法：不论什么样的服装沾上柿子汤，最好立即用水洗涤，这时可以比较容易洗掉，甚至不必使用洗涤剂。等到柿子汤颜色变深之后洗涤起来就会困难许多。如果是毛巾类的棉纺织品，可以使用碱性洗涤剂和较高温度，甚至煮沸，就能将柿子汤洗掉。其他服装只能使用去除鞣酸的去渍剂去除柿子汤，而时间太长的柿子汤往往很难彻底洗涤干净
青核桃皮污渍	污渍的形成、特点：青绿色的核桃皮含有一种特殊的汁水。刚刚剥开的青绿核桃皮会流出白色汁水，经过空气的氧化、汁水的颜色逐渐变为黄色到棕色。如果沾到服装上面，核桃皮污渍也会由浅变深。由于核桃皮汁水富含鞣酸，一旦干涸就会与纤维牢固地结合。 去除方法：沾染了青核桃皮汁水最好立即用水洗涤，停留时间越久，越难洗净。对于蚕丝和羊毛类的蛋白质纤维，核桃皮汁水还有一定的腐蚀性，可能损伤纤维。 这类污渍在服装条件允许的情况下，可以使用较高温度和碱性洗涤剂处理。如果不能使用水洗处理，可以使用去除鞣酸的去渍剂处理。最后还要使用去锈剂处理残余的黄色污渍
食物性染料污渍	污渍的形成、特点：食物性染料也称食用染料，高等级的食用染料是从食物中提取的植物色素，如辣椒素红、菠萝素黄等。一般性食用染料也有一些由合成的低毒染料构成。这些食用染料的色素与食物本身的天然色素是有区别的，但在控制含量以内完全是安全的。这类染料沾染在服装上较天然色素难以去除。 去除方法：一般可以先使用肥皂水洗涤，在肥皂水中还可以加入一些酒精和氨水（酒精及氨水含量一般不超过 2%～3%）。最后残余的色素还可以使用 1∶1 稀释的双氧水点浸去除。 不适宜水洗的服装在干洗前可以先行去渍，使用西施黄色去渍剂和西施橙色去渍剂即可。遇到更为顽固的这类色素污渍还可以使用西施棕色去渍剂去除

第五节　化妆品、药物类污渍及其去除实例

化妆品、药物类污渍有：香水污渍；唇膏污渍；指甲油污渍；红药水污渍；紫药水污渍；碘酒污渍；消毒药水污渍；中药汤污渍；橡皮膏污渍；中药膏药污渍；凡士林污渍；高锰酸钾污渍；粉底霜污渍；硝酸银污渍；蛋白银污渍；滴鼻药污渍；药酒污渍；鱼肝油污渍；咳嗽糖浆污渍；胭脂污渍；牙膏污渍；发蜡、发膏污渍；染发药水（焗油膏）污渍；等等。上述污渍去除方法见表 8-5。

表 8-5　化妆品、药物类污渍及其去除

实例	污渍的形成、特点与去除方法
香水污渍	污渍的形成、特点：香水一般没有较深颜色的，多数情况下喷洒在服装上的雾状香水不会留下印迹。但是如果香水以较大的滴状洒在服装上，并且形成浸湿区域的时候，就会出现香水污渍。香水污渍多表现为黄色圈迹，仅仅使用水洗不能去掉，使用其他洗涤剂往往也不会见效。 去除方法：服装香水使用的溶剂多数为醇类，去除香水污渍首先要考虑使用能够溶解服装上的香水固化的物质。所以，可以先使用酒精（最好是无水乙醇或工业酒精）处理。由于酒精挥发比较快，需要连续滴入或小剂量浸泡，然后使用洗涤剂洗涤。如果还有残渍可以使用西施黄色去渍剂或西施橙色去渍剂去除
唇膏污渍	污渍的形成、特点：由于唇膏是涂在嘴唇上面，位于人的头部，所以最容易沾染在服装上。唇膏属于载体型污渍，其载体为油脂和蜡。 去除方法：去除唇膏污渍应按照去除油脂性污渍的方法。可以使用松节油、溶剂汽油、香蕉水等溶剂先行溶解，然后再使用洗涤剂洗涤；也可以直接使用西施紫色去渍剂去除，或使用威尔逊公司油性去渍剂 Tar Go、福奈特去油剂（红猫）等去渍剂去除。最后进行水洗。 不适合水洗的服装要在干洗前去渍，去渍后将残药清理干净再进行干洗
指甲油污渍	污渍的形成、特点：指甲油由色素、基质和香料组成。指甲油的基质大多数使用的是硝化纤维素，所以当指甲油沾染在服装上就会形成一片硬性污渍斑。 去除方法：去除这种污渍斑首先是考虑将指甲油的基质溶解，也就是把它的载体破坏，然后再将其他部分去掉就可以了。将服装翻转，让沾有污渍的部分朝下，同时垫上一些吸附材料（如干净的废毛巾、布片、卫生纸等），或直接放在去渍台的摇臂上，使用威尔逊公司油性去渍剂 Tar Go、西施紫色去渍剂或福奈特去油剂（红猫）去除。以上方法去除过程比较慢，需要反复溶解和喷酒。此外，还可以使用有机溶剂直接溶解去除，选用的溶剂是丙酮或硝基稀料，使用方法与前述相同。使用溶剂直接去除的优点是比较快，但是风险大一些。不论采用哪种方法去渍后都要将残渍彻底除去。 指甲油如果沾染在醋酸纤维面料上，就会使面料全部溶解或局部溶解，形成无法修复的损伤，不能使用上述方法去渍
红药水污渍	污渍的形成、特点：红药水是红汞药水的俗称，曾被称为 220 药水，用于简单的外伤消毒和治疗。随着创口贴类外伤性药物的普及，红药水的使用率在逐渐降低。红药水和各种化学纤维的结合能力都不是很强，但与天然纤维的结合还是比较牢固的。 去除方法：对于红药水，也应该先使用清水处理，将浮色清除。根据面料的情况可以选择使用氧漂，即使用双氧水、彩漂粉等进行氧化漂白。不能承受较高温度的服装可以在去渍台上使用西施棕色去渍剂去除。如果是白色棉纺织品或比较浅的棉或棉混纺服装，也可以使用低温低浓度氯漂的方法去除。 具体操作：以 15～20 份冷水，加入氯漂剂 3～5mL 每件服装，混合均匀后放入服装。这种浸漂大约需要 2～4h，开始时可时常翻动，以后服装也可以浸泡在水内不动。每次翻动以后服装必须全部没入水中，不可在水面上留有漂浮部分
紫药水污渍	污渍的形成、特点：如果把紫药水沾染在服装上，要先看是什么样的面料。如果是真丝或纯毛的服装，去起来会非常难。因为紫药水中除了溶剂以外，主要是龙胆紫，它也是一种染料，这种染料与蛋白质纤维的结合是比较稳定的。 去除方法：被沾染的服装如果是白色面料就比较简单了，可以使用氯漂的办法去除（适用于棉麻和化学纤维）；如果服装是蚕丝制品，也可以采用还原漂白，使用保险粉进行漂除。 紫药水沾染在其他服装上时，一般先进行水洗，或在去渍台上使用清水先清理浮色，然后使用西施棕色去渍剂进行去渍处理。特别要说明的是，使用西施棕色去渍剂清除颜色污渍的过程一般比较慢，滴入药液以后需要等待一些时间，有时甚至需要数十分钟，所以不要急于使用喷枪很快将去渍剂打掉。西施棕色去渍剂不适宜在醋酸纤维面料上使用
碘酒污渍	常常用于皮肤消毒擦酒，是浓重的棕黄色液体，它时常会沾染在身体或服装上。沾染在皮肤上的碘酒经过一段时间后，会因为酒精挥发、碘升华而使其颜色自然消失。 去除方法：沾染在服装上面的碘酒颜色污渍不容易去掉。沾染了碘酒以后可以先使用酒精进行溶解，在去渍台上用喷枪冷风打掉，然后进行水洗。如果还有一些痕迹可以使用去除铁锈的去渍剂处理。 如果碘酒沾染在白色服装或颜色比较浅的内衣上，在水洗时加入少量氯漂剂就可以很容易洗涤干净

续表

实例	污渍的形成、特点与去除方法
消毒药水污渍	污渍的形成、特点：在使用消毒药水的时候，大多采取喷洒的办法，常常会不小心喷洒在服装上，于是就出现了斑点状污渍。这类污渍在不同的服装上会有不同的现象，常让人以为是沾染上药水污染了服装，可以通过洗涤去掉。而实际情况却并不乐观，消毒药水在服装上的斑点大多数属于咬色，也就是说，服装上的颜色被消毒药水腐蚀了，服装上原有的染料部分或全部被破坏了。 次氯酸钠、84消毒液、高锰酸钾、过氧乙酸、双氧水等消毒药水都属于氧化剂，都会对服装的颜色造成损伤。多数服装受到消毒药水的腐蚀后很难恢复，只有白色纺织品或少数颜色较浅的服装还有可能进行修复和挽救。 去除方法：具体方法是先使用清水充分清洗，把能够通过水洗净的残药洗涤干净，然后使用洗涤剂进行水洗。如果服装本身不宜水洗，可先在去渍台上处理残药，然后清水处理，但是干洗对于这类污渍基本上是不起作用的。如果蚕丝、羊毛一类纺织品沾了含氯消毒剂，形成的变色或黄色斑点是无法修复的，只能通过清水充分清洗，防止进一步损伤
中药汤污渍	污渍的形成、特点：中药汤洒在服装上面之后，最要紧的就是及时清洗，存放的时间越长就越难洗净。中药汤中大部分是各种植物的浸出物，而且是经过熬煮之后的浓缩液，其中有许多药物中含有鞣酸类成分。这些成分和纤维结合后经过氧气的作用就会比较牢固地固定在服装上。试验表明30min之内进行一般的洗涤，中药汤污渍可以去除90%以上，而24h之后再进行一般洗涤只能去除不足50%的污渍。 去除方法：立即清洗是最佳选择。中药汤中绝大多数成分是水溶性的，所以不论沾染时间长短，都应先进行水洗。残余的污渍多数以色迹形式表现，它们都是天然色素。经过初步水洗之后，可以选用去除天然色素的双氧水处理。使用温度70℃、含1%～2%双氧水的热水，拎洗3～5min，然后再继续浸泡5～10min即可。 如果是白色纯棉或棉混纺面料服装，经过初步水洗之后还可以使用含0.1%～0.2%次氯酸钠的冷水浸泡处理，处理时间1～4h，然后充分漂洗即可。 如果是不能水洗的服装沾染了中药汤，处理过程就要在去渍台上进行。具体程序是：清水处理—去渍（具体方法见下述）—清水清洗残药—干燥。 去渍方法1：使用西施黄色去渍剂和西施橙色去渍剂，涂抹后静置5min，然后使用清水和冷风清理。 去渍方法2：使用1∶1经过水稀释的双氧水滴在污渍处，5～10min后用风枪打掉，可以重复数次以上操作，但必须每次使用风枪和清水将残药清理干净以后再继续操作。 比较轻的中药汤污渍还可以使用柠檬酸处理，将柠檬酸溶解成5%左右的溶液涂抹在污渍处就能去除。也可以使用1%～3%柠檬酸溶液浸泡，水温控制在40℃以下，浸泡时间为30～120min。浸泡过程中应该进行必要的翻动
橡皮膏污渍	污渍的形成、特点：橡皮膏、伤湿止痛膏和类似的外用医用药膏经常会沾在服装上，使用常规洗涤几乎不能洗涤干净，须在洗涤之前处理或洗涤之后再进行去渍操作。 去除方法： 橡皮膏常沾在内衣上，所以适宜在洗涤前先行去渍，具体操作如下。 ① 将橡皮膏的底布揭下来，然后在橡皮膏污渍的背面涂抹溶剂汽油或香蕉水、松节油一类的溶剂，静置片刻后使用风枪打掉。这个操作可以重复进行，直至彻底清除干净。 ② 使用西施绿色去渍剂或福奈特去油剂（红猫）（注意：醋酸纤维服装慎用）去除，也可以使用克施勒去渍剂C去除。这几种去渍剂都是与水兼容的，可以比较方便操作。 如果已经经过干洗，此时的橡皮膏污渍处的胶性载体已经溶解，残留物为固体颗粒和一部分色素类污渍，那么就应采用去除水溶性污渍和固体污渍为主的方法进行去渍。从服装污渍的背面使用清水和冷风喷除。 一些含有中药的外用膏药颜色很深，把主要残留物去除之后还会留有黄棕色污渍，需要使用去除色素类污渍的西施棕色去渍剂去除（醋酸纤维服装慎用），或者使用双氧水去除

实例	污渍的形成、特点与去除方法
中药膏药污渍	污渍的形成、特点：传统的中药膏药多数都是黑棕色的污渍，其成分中除了中药以外，主要是油脂性的载体。它们多数会沾染在内衣、内裤一类服装上，也会沾染在被褥等卧具上面。由于这些服装多数为浅色全棉纺织品，所以可以比较轻松地进行去渍。 去除方法： 根据具体情况可以有几种不同的方法去渍。 ① 使用溶剂汽油、香蕉水、松节油等一类有机溶剂对中药膏药污渍进行溶解，如果面积较大，可以使用一个较小的容器涮洗，溶剂变色后要更换干净溶剂，直至中药膏药完全溶解，最后再对残余色素进行洗涤。 ② 在去渍台上使用西施棕色去渍剂或西施紫色去渍剂进行去渍；也可以使用福奈特去油剂（红猫）去渍。这几种去渍剂都可以与水兼容，所以使用比较方便。注意：醋酸纤维服装慎用上述去渍剂。 ③ 去渍后还会残余一些中药膏药的色素，可以使用双氧水去除
凡士林污渍	污渍的形成、特点：凡士林油是常见的非食用油脂，可在许多日用品或化妆品中见到。它是石油产品，可以被很多有机溶剂溶解。单纯的凡士林油通过干洗就可以去除，而大多数凡士林油往往含有各种其他成分，如一些金属粉末、色素、药剂等。 去除方法：去除这类污渍，必须首先考虑与凡士林混合在一起的成分。含有金属离子的污渍可以在去除油脂后使用去锈剂清除；含有色素类的污渍可以使用双氧水点浸法去除，或使用西施棕色去渍剂去除
高锰酸钾污渍	污渍的形成、特点：高锰酸钾属于氧化剂，可以用于去除色素类污渍，它也是很有效的消毒剂。但是使用高锰酸钾之后就会留下棕黄色残渍，那是高锰酸钾反应后的生成物二氧化锰的颜色。 去除方法：可以使用2%~5%草酸溶液浸泡去除，也可以使用去锈剂去除
粉底霜污渍	污渍的形成、特点：化妆品中粉底霜、扑面粉一类用品种类繁多、色泽各异，它们大多含有氧化锌超细粉，是极为细小的颗粒污渍，为颜料型污渍的典型代表。粉底霜一般沾染在浅色服装上，多数不会形成明显的污渍，但在深色服装上则会形成污渍。 去除方法：去除这类污渍最好先使用清水或在去渍台上使用水枪处理，清除表面的污物。然后将服装翻转，从背面使用风枪和清水交替清理，大多数都比较容易解决。少数这类污渍含有油脂，使用去油剂去除即可
硝酸银污渍	污渍的形成、特点：在一些药剂（某些外用药如眼药水）中会含有硝酸银一类银盐。这类药剂形成的污渍大多数表现为灰色到棕黄色。它属于金属盐类污渍，其主体是水溶性的。 去除方法：去除这种污渍需要先进行润湿，然后使用去锈剂对其采用化学方法处理。如果判断准确，会立竿见影。注意：当情况不明时最好先在背角处试验一下面料的承受能力。最后还要把残余的药剂清洗干净
蛋白银污渍	污渍的形成、特点：主要是由蛋白银眼药水沾染的污渍，多数为不规则的暗棕色涸迹状，周围颜色常常比中心颜色深一些。 去除方法：去渍时可以先使用去除蛋白质的去渍剂如克施勒去渍剂B，也可以使用西施红色去渍剂，然后使用福奈特去锈剂（黄猫）去除金属离子。去渍后要把残余药剂清洗干净
滴鼻药污渍	污渍的形成、特点：滴鼻药一般有两种剂型：水制剂和油（乳、膏）制剂。其中，水制剂大多不会造成服装的沾染，能够成为沾染污渍的多是油、膏类制剂。滴鼻药中多数含有扩张血管的药物如樟脑油或桉树油，所以会有特殊的气味。 去除方法：一般可以先使用去除油脂的去渍剂去除，不太严重的这类污渍就会清除干净，较为严重的有可能留下颜色类污渍，可以使用去除鞣酸的去渍剂如西施黄色去渍剂或西施橙色去渍剂去除
药酒污渍	污渍的形成、特点：药酒是中国特有的药物制剂，一般除了一定比例的白酒以外，主要成分多是中草药，总体来讲，成分比较复杂，其中含有各种氨基酸、多种糖类、天然色素甚至鞣酸等。药酒污渍以黄色或棕黄色为多，极少有油脂性成分。 去除方法：去除这类污渍时，首先使用清水把水中可以溶解的物质除掉，然后使用西施黄色去渍剂或西施橙色去渍剂去渍。适合水洗的服装，也可以水洗之后使用1：1稀释的双氧水点浸法去除残余色素。去渍后把残余去渍剂清洗干净

续表

实例	污渍的形成、特点与去除方法
鱼肝油 污渍	污渍的形成、特点：鱼肝油的专用成分为维生素 A，是典型的油脂性污渍。由于鱼肝油现在多为胶丸或胶囊剂型，很少造成沾染，而给儿童服用的滴剂则比较容易沾染在服装上。污渍初期为淡黄色，时间长一些变为棕色。 去除方法：一般使用去除油性污渍的去渍剂如西施紫色去渍剂、福奈特去渍剂（红猫）都可以去除。最好是在洗涤前去渍
咳嗽糖浆污渍	污渍的形成、特点：咳嗽糖浆污渍呈棕色，其成分除了糖浆以外，还有多种盐类、鞣酸类、植物色素等，干燥后有明显的板结区域。从污渍角度看，全部为水溶性的。 去除方法：首选水洗方法洗涤。水洗后往往会留有残余的色素，可以使用西施棕色去渍剂去除，也可以使用1∶1清水稀释后的双氧水点浸。如果服装本身不适宜水洗，可以先进行局部清水处理，而后去渍，最后干洗
胭脂污渍	污渍的形成、特点：胭脂的主要成分是极细的颜料型粉末及少量油脂，胭脂沾染在服装上多表现为表面浮色，一般不容易渗透到面料内部。 去除方法：去除时最好先从服装的背面开始，使用去渍枪选择清水和冷风交替处理；然后从正面滴入去油剂处理残余的污渍。由于胭脂的色素不溶于水，所以不适合使用漂色方法去渍。衬衫及内衣沾染胭脂污渍可以通过水洗去掉多数污渍，然后进行去渍处理，最后充分水洗
牙膏污渍	污渍的形成、特点：牙膏的主要成分是不溶于水的磨料、表面活性剂药剂和一些添加成分。残留在服装上的污渍以磨料为主，为极细的粉末，沾染在服装上就会出现白色区域。 去除方法：去除时最好从背面处理，使用去渍枪交替用水和冷风打掉表面污渍，然后从正面处理残余的污渍，最后充分水洗即可
发蜡、发膏 污渍	污渍的形成、特点：发蜡、发膏一类发用化妆品的主要成分为油脂、蜡质物质、胶质物质等，是水溶性成分与油性成分的混合物。 去除方法：去除时需要兼顾这两种污渍，适合洗涤前去除。可以使用去油剂对污渍进行处理，然后水洗。如果不适合水洗的服装也适宜去除这类污渍后再进行干洗
染发药水 （焗油膏） 污渍	染发药水（焗油膏）污渍大多沾染在上衣的一些部位，呈黄棕色到黑色，含有染料、氧化剂以及鞣酸等。沾染时间较长的污渍，由于空气或氧化剂的作用变得特别顽固，往往很难去除干净。尤其沾染在真丝或纯毛服装上，最难彻底去除干净。 去除方法：这类污渍在比较新鲜的时候容易去掉，立即使用清水和肥皂一类洗涤剂，能够取得较好的效果

第六节　文具、日常用品类污渍及其去除实例

　　文具、日常用品类污渍有：蓝色复写纸污渍；蓝圆珠笔油污渍；黑色签字笔污渍；蓝墨水污渍；水性彩色笔污渍；彩色蜡笔污渍；彩色铅笔污渍；唛头笔污渍；办公胶水污渍；墨汁污渍；红印泥污渍；复印机炭粉污渍；万能胶污渍；黏合带污渍；广告色污渍；水彩颜料污渍；红圆珠笔油污渍；红墨水污渍；黑墨水污渍；染料污渍；黑色鞋油污渍；棕色鞋油污渍；无色鞋油污渍；夹克油污渍；502胶污渍；动物胶污渍；润滑脂污渍；机油、矿物油污渍；蜡油污渍；涂改液污渍；等等。去除这些污渍的方法见表8-6。

表 8-6　文具、日常用品类污渍及其去除方法

类型	污渍的形成、特点与去除方法
蓝色复写纸污渍	污渍的形成、特点：复写纸的颜色由染料和以蜡质物质为主的载体组成，既能很容易地将颜色通过复写转印到纸面上，也不会轻易污染周围的东西。但是，复写纸非常不耐摩擦，一经摩擦很容易把含蜡的颜色转移到别处，而服装面料是最容易被复写纸污染的。沾染上复写纸的蓝色后最忌揉搓摩擦，也不要盲目进行干洗或水洗。 去除方法：可以使用福奈特去油剂（红猫）、西施紫色去渍剂或四氯化碳从服装的背面进行溶解，服装的下面要垫上吸附用的布片或卫生纸，用以吸收溶解下来的污渍。也可以在去渍台上使用冷风枪喷吹。白色服装经过溶解去除这类污渍之后，还要使用肥皂水洗涤残余的色迹。
蓝圆珠笔油污渍	污渍的形成、特点：蓝圆珠笔是随处可见的书写用具，质量稍差的蓝圆珠笔会经常冒油。最为麻烦的是一支圆珠笔芯的油色全部沾染在服装口袋里，形成浓重、色深的油斑。这时如果处理不当，污染还会四处扩散，甚至服装整体被蓝色污染得一塌糊涂。 去除方法：面对这种情况一定要从整体考虑，不可贸然下手。处理这样的沾染必须要不使其扩散，保护原有面料，否则就失去去渍的意义。大面积的蓝圆珠笔油不适合使用专业去渍剂去除，一方面成本太高，另一方面去渍过程也过于烦琐；可以使用工业酒精，采用局部洗涤法处理。准备一瓶工业酒精和一个小容积的容器（如小茶杯、小碗等），向容器内注入酒精，将沾满蓝圆珠笔油的服装各部分分开来处理。将口袋、衣里、面料依次分别浸在酒精内涮洗，这时会有大量蓝色污渍溶解下来，更换干净酒精重复涮洗的操作。最后可以把蓝圆珠笔油的绝大部分洗掉，只剩下淡淡的蓝色，再使用肥皂水将残余蓝色洗涤干净。如果是衬衫类的服装可以使用较高的温度进行机洗，白色衬衫还可以加入适当氯漂剂洗涤，其他服装的这类颜色污渍可以使用福奈特去油剂（红猫）或西施棕色去渍剂去掉
黑色签字笔污渍	污渍的形成、特点：黑色签字笔在服装上的污渍有两种情况：一种是直接沾染在服装上；另一种是在干洗时沾染在服装上。 黑色签字笔装在服装口袋中很容易忘记取出。由于签字笔杆多为塑料制造，在干洗时不能抵御干洗溶剂的侵蚀，干洗后黑色签字笔的墨水就会全部沾染在服装的口袋里，形成严重的墨水污渍。这种情况往往都是干洗之后才能发现，口袋内外，服装的前胸都有严重的墨渍。 大多数人在看到这种情况时往往很后悔，不该如此大意。然而，这只是第一次失误，一不小心还会继续把事情办错。这时若采用常规办法去除这些墨渍，可能会搞得一塌糊涂，使墨渍在面料和衣里各处扩散；如果再使用了不当的去渍剂，这些墨渍就去不掉了。 去除方法：墨渍最重的地方在口袋，其次是衣里和面料，应由重至轻进行去除。准备一个较小的容器，如小茶杯、大一些的塑料瓶子盖等都可以。首先去除墨渍的发源地——口袋，在小茶杯中注入清水，把沾染墨渍的口袋在清水中涮洗，这时就会有许多墨渍溶解下来；将污水倒掉，更换清水，反复操作，直到把墨渍涮干净。然后仍按照这种办法涮洗衣里，最后再涮洗服装的表面。只要操作得当所有的墨渍都可以清洗干净，使服装完好如初。 干洗后的黑色签字笔墨渍，不适合直接在去渍台上去除，只能分而制之；更不要将服装直接下水，否则墨渍就会大面积扩散直至无法挽救
蓝墨水污渍	污渍的形成、特点：蓝墨水通常有两种：一种是纯蓝墨水，另一种是蓝黑墨水。 去除方法：纯蓝墨水比较容易洗涤干净，只要时间不是太久，用清水就可以将大部分蓝色去除干净，余下的残色使用肥皂水也能洗净。蓝黑墨水远比纯蓝墨水难以去除，刚刚沾染的蓝黑墨水一般比较容易用水洗净，时间稍微长一些经过空气的氧化作用之后，蓝黑墨水与面料的结合牢度大大加强，就变得顽固起来了。但是不管怎样蓝黑墨水首先还是要用清水充分洗涤，然后再使用洗涤剂（如肥皂、洗衣粉水、中性洗涤剂等）洗涤；最后，残余的淡蓝色和棕黄色污渍可以使用西施棕色去渍剂或使用草酸溶液去除。 具体使用方法：西施棕色去渍剂在使用之前应该进行试用，少数面料可能不适用。滴入去渍剂之后，需要等待 10~30min，不可立即使用喷枪打掉。使用草酸溶液时可以预先准备一些 5%~10% 的草酸溶液，滴入草酸溶液之后不可离开，观察污渍变化并且要很快将草酸溶液清洗干净。 如果是白色纺织品沾染了蓝墨水，先使用清水清洗，然后使用保险粉进行漂色处理。也可以使用高锰酸钾去除，具体方法是：用 0.1%高锰酸钾溶液涂抹在蓝墨水处，停放一段时间后，用草酸还原；然后用清水多次清洗。

类型	污渍的形成、特点与去除方法
蓝墨水污渍	白色织物上： ① 用10%的氨水和食用碱溶液或用加热过的10%柠檬酸溶液，用揩拭法揩拭。如污渍时间长，可浸泡后揩拭，然后用清水洗涤。 ② 用10%的草酸溶液和洗涤用漂白剂——3%~5%次氯酸钠溶液轮流揩拭，然后用清水洗涤。 ③ 沾污时间短，可用水或酒精揩拭，如仍有痕迹，再用2%草酸溶液洗涤。 有色织物上： ① 污渍时间短，可用掺有甘油的变性酒精揩拭。 ② 污渍时间长，可用1%~3%的高锰酸钾溶液揩拭，待去污后立即用10%草酸溶液揩拭使褐色的高锰酸钾去除。如污染面积较大，可将污处浸入高锰酸钾溶液中，并将污渍搅动揩拭，待去污后，再浸入草酸溶液中，褪去高锰酸钾色渍并立即用水漂洗
水性彩色笔污渍	污渍的形成、特点：水性彩色笔作为小学生和商业宣传的常用文具已经非常普遍，颜色种类繁多，色彩绚丽、鲜艳，而且有粗细和宽窄不同的多种规格，受到人们的欢迎，但是水性彩色笔不小心沾染了服装就非常讨厌了。水性彩色笔的污渍主要是染料，其又可以分成两类：一类是普通染料，另一类是带有荧光的染料 去除方法：去除水性彩色笔污渍有两种选择，如果服装面料是白色的纺织品而且适宜水洗，可以使用氯漂漂除或者使用保险粉进行还原漂白；如果沾染彩色笔污渍的服装是带有颜色的面料，去除起来比较费事。首先使用清水尽最大可能将水性彩色笔的表面浮色去掉，注意使用喷枪时要保护面料的组织纹路。然后使用西施蓝色去渍剂和西施棕色去渍剂将残余色粉去掉。 在颜色比较浅的服装上面还可以使用较高的温度加入碱性洗衣粉洗涤，多数情况下能够将色渍洗净。一些夏季休闲服装也可以采取低温、低浓度的氯漂，并长时间浸泡的方法去除水性彩色笔的污渍
彩色蜡笔污渍	污渍的形成、特点：彩色蜡笔是小孩子的文具或玩具，常常会不小心沾在服装上面形成蜡笔污渍。由于儿童服装多为浅色全棉或棉混纺面料，因此沾染蜡笔污渍之后非常明显。蜡笔污渍属于油性污渍，其中蜡质物质承托着颜色。 去除方法：首先考虑将蜡质物质溶解。可以使用西施绿色去渍剂去渍，也可以使用四氯化碳溶解去渍，由于四氯化碳是有机溶剂，具有较大的挥发性，操作时要迅速利落。蜡质物质溶解完以后再使用去除油性污渍的去渍剂将残余色渍去除，最后还要经过水洗或漂洗
彩色铅笔污渍	污渍的形成、特点：彩色铅笔是小学生的文具，这类污渍多半会在儿童服装上出现，沾染情形和彩色蜡笔非常相似，而其成分也和彩色蜡笔相似，只不过蜡质物质的含量稍微少一些。 可以使用西施绿色去渍剂去渍，也可以使用四氯化碳进行溶解去渍。去渍后要使用肥皂一类洗涤剂进行充分水洗
唛头笔污渍	污渍的形成、特点：油性唛头笔又叫作记号笔，通常用来在硬表面书写或做记号。这种笔写下的字迹一般情况下是不容易被擦掉的，也不会被雨水冲刷掉。正是因为如此，油性唛头笔的字迹才会不容易洗涤干净。 去除方法：这种污渍应该先用去除油渍的去渍剂处理，可以选用福奈特去油剂（红猫）或西施紫色去渍剂，将带有结合载体的部分去除。然后再使用去除色渍的去渍剂去除残余的色渍。如果污渍沾染的时间比较短，也可以使用洗涤剂进行水洗。时间太久的黑色唛头笔污渍会更加不容易去除干净。如果面料的纤维和颜色允许，还可以使用低温低、浓度氯漂处理残余的色渍
办公胶水污渍	污渍的形成、特点：办公胶水一般都是水性的，不论沾染到什么样的服装上面都可以用水来去除。但是对于不同的服装，需要使用不同的方法去除这类污渍。 去除方法：在深色服装上沾染的胶水最容易去除，只要反复使用清水和冷风交替喷除即可。不过，当胶水比较多的时候，不能急于求成，每次只能去除一部分。如果胶水沾染在浅色服装上，去除胶水之后还要进行水洗或在去渍台上进行局部清洗。 在已经知道某种污渍是胶水的时候，尽量先去渍再干洗。干洗后的胶水污渍反而不容易去掉

续表

类型	污渍的形成、特点与去除方法
墨汁污渍	污渍的形成、特点：传统书法、绘画使用的墨汁，最容易沾染到服装上面。尤其是中、小学生，时常会因为不小心把墨汁弄一身。 去除方法：大部分墨汁污渍是水溶性污渍，刚刚沾染的墨汁应该立即用水涮洗，而且要不断更换清水，让服装和墨汁尽可能脱离，防止回染。尤其在墨汁还没有彻底干的时候，只需要清水就有可能将墨汁基本上洗涤干净。如果墨汁已经干了，它和纤维结合的牢度就会强一些。此时，仍然需要先使用清水充分涮洗，将表面的墨汁尽可能洗掉。当清水中不再有墨汁继续溶解下来的时候，才可以使用洗涤剂洗涤。服装上沾染了墨汁，经过清水的充分处理后，可使用下面方法处理： ① 使用米汤或面汤洗涤，实际上是利用含有淀粉的米汤或面汤将墨汁中的炭粉黏附下来。 ② 将牙膏涂在墨汁处使用去渍刷摩擦。 ③ 在墨汁处涂抹肥皂，然后使用刮板慢慢刮除（这种方法只限于白色纺织品）。 ④ 新渍用米饭粒涂于污渍表面，进行揉搓，然后用洗涤剂洗涤，清水漂洗。 ⑤ 陈渍可用 1 份酒精、2 份肥皂制的溶液反复涂擦，便可除去。 墨汁中的炭粉极其细小，相当多的墨汁残渍不容易彻底去除，但可以在今后的洗涤过程中渐渐消退。 注意：对于墨汁污渍，若使用其他去渍剂，很难有明显的效果，所以轮流使用各种去渍剂是不可取的。氯漂和保险粉也不会对墨汁起到什么作用，无需在此徒劳
红印泥污渍	污渍的形成、特点：红印泥的颜色可以历千年而不衰，保持夺目的红色，是因为制作它使用的是矿物颜料，最为考究的红印泥使用红珊瑚和红宝石作为颜料。现在的红印泥除了极少的伪劣产品以外，也都采用矿物颜料制成。所以当红印泥沾染在服装上，去除起来就比较困难。 去除方法：沾染了红印泥的服装不宜目用水洗涤，可以使用去除油渍的去渍剂先进行去油处理。可使用西施紫色去渍剂或福奈特去油剂（红猫）处理。去渍方法同一般去渍操作。 注意处理过程中滴入去渍剂后应该停留片刻再使用水枪和风枪处理。 最后剩下一些淡淡的红色痕迹是细微的固体颗粒污渍，需要反复洗涤去除。红印泥污渍也不适宜干洗后再去除
复印机炭粉污渍	污渍的形成、特点：复印机使用的炭粉是非常细微的，它们的颗粒度只有几微米。所以，如果把这种炭粉沾在服装上面是比较麻烦的。不要将沾有炭粉的服装随意存放，避免相互沾染。 去除方法：尽快用水洗涤才是明智之举。黑色的炭粉不是由染料构成的，所以使用漂白的方法没有作用。能否将这种黑色的污渍去除主要看面料的结构。一般来讲，结构比较疏松的面料，通过洗涤可以比较容易洗净；而那些结构紧密的面料一旦沾染了炭粉，去除起来就比较难了。可以充分利用去渍台的喷枪进行处理，交替使用清水和冷风能够去掉大部分炭粉。如果是白色或浅色服装残余淡淡的黑色，可以涂抹肥皂用去渍刷或刮板去除，或涂抹牙膏使用摩擦方法去除
万能胶污渍	污渍的形成特点：万能胶的主要成分为硝化纤维素和溶剂。溶剂成分大多是香蕉水、醋酸乙酯或丙酮。织物沾染万能胶后会有发硬的区域，甚至形成半透明的无色光亮区。 去除方法：把衣物翻转，从背面使用香蕉水进行溶解。也可以在衣物的下面垫上干净的废布或卫生纸类材料，溶解后及时更换，直至溶解干净
黏合带污渍	污渍的形成、特点：黏合带和以黏合带为基底的不干胶、双面胶、封口胶等随处可见。因此，由这类胶黏剂造成的污渍沾染也逐渐多起来了。由于这类污渍不能立即干涸，所以沾染处会继续沾染一些灰尘，黏合带污渍就会显得脏兮兮的。 去除方法：这种污渍不适宜立即水洗。它可以使用许多有机溶剂溶解处理，如溶剂汽油、香蕉水、四氯乙烯等均可。处理后再使用洗涤剂洗涤干净
广告色污渍	污渍的形成、特点：广告色污渍的颜色多种多样，除了一般的颜色以外还有带荧光的广告色。它们都是颜料型污渍，也就是细微的粉末污渍。广告色污渍中还含有一些黏合剂如桃树胶、聚乙烯醇等，其主体是水溶性的。 去除方法：无论什么样的服装沾染了广告色污渍都需要先用清水处理，不宜水洗的服装可以在去渍台上用清水局部处理；然后再使用洗涤剂进行最后处理。余下的色素可以使用西施棕色去渍剂去除

续表

类型	污渍的形成、特点与去除方法
水彩颜料污渍	污渍的形成、特点：水彩颜料也是学生的必备文具之一，颜色多种多样，其成分与广告色接近，除了彩色的细微粉末以外还有一些黏合剂，大多数都是水溶性的。由于水彩颜料的粉末颗粒度极其细微，沾染到服装上还是比较顽固的。 去除方法：先用清水把表面浮色去掉，然后使用肥皂水洗涤。如果是不适合水洗的服装，可以在去渍台上处理。总之，需要充分利用清水将尽可能多的水彩颜料去掉，最后使用西施棕色去渍剂去除残余的色素
红圆珠笔油污渍	污渍的形成、特点：红圆珠笔油污渍与蓝圆珠笔油污渍相比沾染在服装上的机会比较少，但是这类污渍去除的时候要比蓝圆珠笔油污渍难一些。 去除方法：可以使用去除油渍的去渍剂如西施紫色去渍剂或福奈特去油剂（红猫）去除。在没有去除干净之前不要干洗，去渍后还不彻底可以使用酒精皂反复清洗；如果还留有粉红色残色再使用西施棕色去渍剂去除。如是白色服装，在去除红圆珠笔油污渍的大部分以后，可以使用保险粉为残色漂除
红墨水污渍	污渍的形成、特点：红墨水的主要成分是酸性染料，它具有很好的溶解性能和渗透性能。在纸张上面的红墨水字迹抗水性很差，但是纺织品与红墨水污渍往往结合得比较牢固，红墨水污渍尤其在蚕丝或羊毛服装上的结合牢度更高。它完全是水溶性的。 去除方法：去除红墨水污渍以水洗或局部水洗为主，服装条件允许时可以使用氯漂或双氧水等氧化剂或使用保险粉漂除。不能整体水洗处理的服装，可以在去渍台上去渍。经过清水的充分处理后，还可以使用西施棕色去渍剂去除残色。 ① 先用洗涤剂洗涤，再用 2% 的乙醇溶液洗涤，后用清水洗涤。 ② 可用 0.25% 的高锰酸钾溶液洗涤，后用清水洗涤
黑墨水污渍	污渍的形成、特点：黑墨水可以分成两种类型：一种是碳素墨水，另一种是由黑色染料制成的墨水。其中碳素墨水的发色成分为细微颗粒粉末和一些与纸张的结合成分（大多数是油性结合剂）。签字笔的墨水大多属于这一种，用于灌注自来水笔的黑色墨水中注明碳素墨水的也属于这种，未注明碳素墨水的则为黑色染料制成的墨水。 去除方法：去除碳素墨水的方法可以简化为"水—渍剂—水"方式。即先用清水充分涮洗（注意：不加入洗涤剂），然后使用去除油渍的去渍剂处理，最后使用清水洗涤。这样做基本上可以达到较好的去渍效果。 由染料制成的黑墨水与碳素墨水的去除方法有所不同。这类污渍不论沾染在什么样的服装上，都属于合成染料污渍。首先应充分水洗（不适合水洗的服装在去渍台上处理），将浮色尽可能从服装上脱除，然后使用西施棕色去渍剂去除残色。如果是白色服装，清洗浮色之后可以使用保险粉进行漂除
染料污渍	污渍的形成、特点：在洗涤服装过程中某件衣服掉色，由染料形成的污渍。在各种各样的污渍当中，这类污渍往往是由操作不当造成的。因其情况不同可以分成三类：串色、搭色和洇色。它们产生的原因不同，处理方法也不同。 去除方法：注意保证正确的操作方法，不要造成颜色沾染。 ① 串色：多数是由掉色服装和被沾染服装共同洗涤造成的，称为"共浴串染"，也就是串色。这是一种比较均匀的颜色沾染，被沾染的服装整体都改变了颜色，甚至整件衣服像是被认真地染了某种颜色。这类染料污渍称为"串色"。串色是比较容易去除的，一般可以采用福奈特中性洗涤剂高温拎洗剥色的方法洗净，对织物组织结构较为疏松的服装效果尤为明显，但是对质地致密的面料如羽绒服面料效果要差一些。纯棉或涤棉服装还可以使用低浓度、低温、长时间氯漂处理，也能获得较好的效果。 ② 搭色：搭色是被沾染服装和掉色服装接触形成的。称为"接触沾染"，也就是搭色。在浸泡、堆放、洗涤、脱水等情况下，由于接触掉色服装使其他服装沾染了颜色。沾染部分是局部的，颜色污渍具有明显的轮廓界限，未沾染的部分能够完全保持原有色泽。造成搭色是在有水的情况下，尤其是水中含有洗涤剂的时候，脱落下的染料转移到其他服装上。较浓的洗涤剂、较高的温度以及接触时间较长为搭色创造了条件。 搭色可以使用福奈特中性洗涤剂高温拎洗剥色去除，也可以使用西施棕色去渍剂去除。较大面积的搭色去除起来是比较困难的，所以避免搭色更为重要。也就是说，容易掉色的服装或由不同颜色面料制成的服装在洗涤时进行分类是非常重要的，而在洗涤的过程中不要把不同颜色的服装放在一起堆置、浸泡以及减少不必要的接触则更为重要。

续表

类型	污渍的形成、特点与去除方法
染料污渍	③ 洇色：由不同颜色面料制成的服装，或面料、里料颜色不同，或装有颜色不同的附件，在洗涤过程中其中某部分掉色造成染料沾染形成的颜色污渍，称为"界面洇染"，也就是洇色。这类污渍都发生在拼接的接缝处或附件缝合安装处，而且在同一件衣服上这种沾染具有普遍性，各处会有相同的洇色发生。大多数洇色污渍都会被判"死刑"。只有洇色范围很小的可以通过西施棕色去渍剂去除。 洇色污渍之所以最难去除，是因为在处理时无论哪种去渍剂都会使掉色部分加重，而不同颜色的面料又紧密相邻。处理这类污渍的最好办法是将不同颜色的面料拆开，分别处理后重新缝合，然而大多数服装并非可以随意拆开的，所以洇色污渍最为不易修复。避免洇色的方法和避免搭色的方法完全一样。所以，防止洇色的发生比去除洇色更有实际意义
黑色鞋油污渍	污渍的形成、特点：黑色鞋油由以蜡为主的基质、溶剂和炭黑组成。由于炭黑的颗粒度极其细微，很容易和各种纤维结合，形成顽固污渍。刚刚沾染上的鞋油比较容易去掉，尽管很难彻底去除总还可以洗掉大部分黑色。如果黑色鞋油停留时间较长，就很难去除干净。 去除方法：遇到黑色鞋油污渍，首先要考虑使用去除油脂性污渍的去渍剂处理，如西施紫色去渍剂、福奈特去油剂（红猫），也可以使用松节油、香蕉水、溶剂汽油等有机溶剂处理。当有机溶剂和去渍剂将大部分黑色鞋油污渍去之后，还需要使用肥皂水进行水洗。最后还可以使用牙膏一类的磨料用废牙刷摩擦去除残余的黑色
棕色鞋油污渍	污渍的形成、特点：棕色鞋油成分和黑色鞋油成分的区别只是发色颜料粉不同，其他组成基本上都一样。 去除方法：去渍时仍以使用去除油性污渍的去渍剂为主，可以选用西施紫色去渍剂、福奈特去油剂（红猫），也可以使用松节油、香蕉水、溶剂汽油等有机溶剂。大部分棕色鞋油污渍去掉以后，使用洗涤剂洗涤，最后残余的色素则需要使用西施棕色去渍剂去除
无色鞋油污渍	污渍的形成、特点：无色鞋油和颜色鞋油差别较大，它不含发色颜料粉。但是一般都含有一些保护皮革质地的成分，以油脂为主。 去除方法：一般情况下采用干洗可以洗涤干净，干洗前应该先使用洗涤剂加水处理一下，将其水溶性部分去掉，然后干洗。如果这种污渍含有其他污垢，干洗前的水洗（或局部水洗处理）就更有必要了
夹克油污渍	污渍的形成、特点：使用夹克油时，不慎把夹克油沾染在服装上，形成夹克油污渍。这类污渍使用水洗或干洗都不能有效去除。 去除方法：最好是在洗涤前先进行去渍。由于夹克油内含有发色颜料粉、皮革加脂剂、助剂以及一定比例的合成树脂，所以去除时比较麻烦。首先需要把其中的合成树脂溶解，使油脂、发色颜料粉失去载体。可以选用乙酸丁酯、乙二醇一甲醚或二甲基甲酰胺一类有机溶剂处理，树脂溶解后使用洗涤剂充分洗涤，最后还可以使用西施棕色去渍剂去除残渍
502 胶污渍	污渍的形成、特点：502 胶是非常有效的化工产品，在生活中常常扮演重要角色。它很容易渗出，保管不当就会洒在服装上，形成一块硬疤，是典型的硬性污渍。502 胶与水完全不相溶，水洗不能去掉，干洗也不起作用。 去除方法：502 胶的溶剂是丙酮，所以使用丙酮能够将其溶解洗净。使用丙酮去除 502 胶的关键是操作，如果操作不当也不可能达到满意效果 确定沾染了 502 胶的服装不含有醋酸纤维，才可以使用丙酮。去渍时最好把服装翻转到背面，在污渍处下面垫上吸附材料（干净毛巾、布片或卫生纸等），使用滴管将丙酮滴在污渍周围，由外向内逐步溶解，还可以垫上一层布轻轻挤压、敲打帮助溶解。然后更换吸附材料重复上面的操作，直至溶解完毕。特别需要指出的是，一定要由外向内使用丙酮，如果开始就把丙酮滴在中心部位，502 胶会逐步扩散，面积越来越大，就很难去除干净了。此外，丙酮可能对一些面料的颜色有影响，需要在背角处进行试验后再使用。 502 胶如果沾在含有醋酸纤维的混纺面料上，去除后面料会变得比原来薄一些。如果面料是全醋酸纤维织品，污渍处的纤维就会溶解成破洞，无法修复

续表

类型	污渍的形成、特点与去除方法
动物胶污渍	污渍的形成、特点：动物胶包括猪皮胶、牛皮胶、鱼皮鳔以及骨胶等。它们都是由动物原料制成的，以蛋白质为主要成分。动物胶形成的污渍与服装结合得非常牢固，还带有腥味，干燥后成为硬性污渍。 去除方法：这类污渍在去除时最为关键的是要有耐心。虽然动物胶是水溶性的，但溶解速度非常缓慢，需要反复使用清水浸润清洗。为了尽快使之溶解可以在污渍处滴入一些甘油、氨水和酒精，使其逐渐软化后溶解。在去渍过程中，可以适当加热，但温度不可过高。残余的一些污渍还可以使用蛋白质去渍剂如西施黄色去渍剂和西施红色去渍剂去除
润滑脂污渍	污渍的形成、特点：润滑脂的主要成分是矿物性油脂以及一些添加成分。未经使用的润滑脂沾染在服装上，可以通过干洗或比较简单的去油剂去除。但是绝大多数润滑脂是使用过的，因此会混入各种不同的成分，其中最多的可能是金属粉末一类的成分或其他粉尘类成分。这些粉末类成分大多数极其细微，颗粒度极小，属于非常不易去除干净的污渍。 去除方法： ① 未经使用的润滑脂沾染在服装上，可以通过干洗或比较简单的去油剂去除 ② 去除使用过的润滑脂污渍首先是使用去油剂一类去渍剂把大部分污渍去除，然后用牙膏涂抹在污渍处用摩擦法去除。如果是含有金属粉末的残余污渍还可以使用去锈剂如福奈特去锈剂（黄猫）去除
机油、矿物油污渍	污渍的形成、特点：油类矿物油脂污渍是常见的油性污渍，但是这类污渍常常混有一些其他污渍，尤其可能常常混有金属粉末或铁锈，形成浓重的黑色油泥。这类污渍和食物类油渍的区别是不含有天然色素。 去除方法：这类污渍不能使用氧化剂或还原剂去除，只能使用去除金属盐的去渍剂去除。去渍过程，可以先行去除油性污渍，如使用西施紫色去渍剂、福奈特去油剂（红猫）去除，最后使用去锈剂如福奈特去锈剂（黄猫）去除金属盐。去渍完成后还要充分水洗
蜡油污渍	污渍的形成、特点：沾上蜡油的服装会留有一片硬性的干污渍，如果表面还有明显的蜡，可以用手揉搓除去。 去除方法：可以直接使用熨斗熨烫去除。熨烫时要在污渍的上面和下面垫上一些吸附性强的干净废布或卫生纸，用以吸附熔化的蜡油。如果服装本身不太干净需要洗涤之后再进行处理。 沾上的蜡油还可以使用四氯化碳溶解去除。具体方法是将服装翻转，从背面滴入四氯化碳，蜡油自四周向中心逐渐溶解。过程中还要使用吸附材料吸收溶解下来的蜡油，并不断更换吸附材料，直至蜡油彻底溶解干净为止
涂改液污渍	污渍的形成、特点：为了书写文字的清洁、整齐，使用涂改液成了必备手段。目前使用的涂改液大多是覆盖型的。涂改后的字上覆盖了一层白色不透明的薄膜，把写错的文字盖在下面，而这层薄膜仍然可以重新书写。当涂改液沾染在服装上时，就会在服装上形成一层白色的薄膜，成为涂改液污渍。其主要成分为硝化纤维素、钛白粉，溶剂为乙酸酯类成分。 去除方法：涂改液污渍可以使用西施绿色去渍剂从背面进行溶解去除，也可以使用乙酸丁酯、香蕉水或四氯化碳一类有机溶剂去除。由于钛白粉极其细微，往往会留下一些白色的痕迹不易彻底清除

第七节　油漆、涂料类污渍及其去除实例

油漆、涂料类污渍有：沥青污渍；油漆污渍；清漆污渍；内墙涂料污渍；虫胶污渍；打底漆污渍；黄丹漆污渍；家具蜡污渍；金粉漆污渍；银粉漆污渍；等等。去除这些污渍的方法，见表8-7。

表8-7 油漆、涂料类污渍及其去除

实例	污渍的形成、特点与去除方法
沥青污渍	污渍的形成、特点：在修筑公路或屋顶防水工程中要使用沥青。施工中的沥青处在熔化状态时，有可能沾染到人们的服装上，形成黑褐色的黏性污渍。沥青有石油沥青和煤焦油沥青两类，使用时，有的还会加入一些诸如废橡胶一类的改性成分。因此，沾染到服装上的沥青成分还是比较复杂的。沥青污渍为棕色到黑色，有些发黏，表面及边缘呈不规则形状，干涸时发硬。 去除方法：沥青污渍最好洗涤前去除，可以先使用去除油脂的去渍剂，将大部分沥青溶解掉。如可以使用西施绿色去渍剂、西施紫色去渍剂、福奈特去油剂（红猫）等去除。也可以使用溶剂汽油、松节油或四氯化碳进行溶解去渍，然后再使用去除铁锈的去渍剂去掉残余的棕黄色污渍
油漆污渍	污渍的形成、特点：服装上沾染上油漆就会形成一片板结的硬性污渍，同时也表现出油漆的不同色泽。 去除方法：最好将可以取下的黏稠部分使用不伤面料的硬纸片刮掉，然后去渍。如果油漆污渍已经干涸，需要分三步去除。 ① 使用香蕉水或乙酸丁酯、丙酮等溶剂在服装的背面进行溶解去除，也可以使用西施绿色去渍剂、西施紫色去渍剂或福奈特去油剂（红猫）去除。注意污渍的下面要准备吸附材料吸收溶解下来的油漆，还要不断更换，直至没有溶解物为止。 ② 当油漆的树脂部分完全溶解以后，再使用西施棕色去渍剂进一步去渍。每次使用去渍剂之后应该静置数分钟，然后再分别使用清水和冷风处理。 ③ 最后进行水洗，或在去渍台上进行洗涤性处理。 一些面料的颜色对某些溶剂可能不适宜，所以使用前应该进行试验 陈旧性的油漆污渍一般都比较干硬，可以先使用击打去渍刷将干性油漆污渍打碎，然后再按照前述方法去渍。总之，油漆污渍的最后残余部分是颜料型的固体色粉，需要耐心去除
清漆污渍	污渍的形成、特点：清漆污渍大多数都会有一个硬性区域，其颜色要比面料周围深一些。常见的清漆共有三种，分别是酚醛清漆、醇酸清漆和硝基清漆。沾染到服装上的清漆一般是不容易分辨的，好在去除方法没有什么太大的区别。 去除方法：在去除清漆污渍之前不能使用任何机械力，往往轻轻揉搓和折弯都会使面料受损。清漆污渍只能使用有机溶剂进行溶解去除，所以只要溶剂选择正确，清漆污渍就能彻底去除，具体步骤如下： ① 将服装翻转到背面，下面还要垫上一些吸附材料如干净的布片、卫生纸等。 ② 将西施绿色去渍剂、西施紫色去渍剂、福奈特去油剂（红猫）或硝基稀料（乙酸杂戊酯）、丙酮等溶剂滴在污渍的周围，让溶解下来的清漆污渍被吸附材料吸收，或在去渍台上使用冷风枪喷除。 ③ 更换垫在下面的吸附材料，重复前面的操作，直至完全溶解。 注意事项： ① 溶剂挥发性较强，操作要利落准确。 ② 滴入溶剂时一定要从周围到中心，否则污渍范围被扩大，去渍效果也会事倍功半。 ③ 面积较大的清漆污渍需要多次溶解才能去除干净，不可急于求成。 ④ 操作场地应该通风、防火，免生意外。 ⑤ 含有醋酸纤维的纺织品沾染了硝基油漆或清漆可能造成溶洞，不能使用硝基稀料和丙酮去渍
内墙涂料污渍	污渍的形成、特点：传统的内墙涂料都是水溶性的，仅使用清水就可以将其洗刷掉。但是近年来家庭对于装饰要求越来越高，大都使用可以用水擦洗的涂料涂饰室内墙面，从而引发了内墙涂料的革命。目前，大多数内墙涂料都是可以用水擦洗的。虽然涂料做涂饰的时候与水相溶，但是涂料干燥以后不能被水破坏。因此如果把内墙涂料沾染在服装上，就成为洗涤的难题了。 去除方法：可擦洗内墙涂料含有经过超声波乳化的树脂类成分，在液体状态下与水是相溶的，一旦干涸，树脂固化，水就不能把树脂溶解了。所以，涂料刚刚洒上服装的时候，尽快使用清水冲洗，最好是在污渍的反面用力水洗，可以收到很好的效果。而涂料一旦干涸固化，几乎就没有合适的方法可以将其彻底洗涤干净了

续表

实例	污渍的形成、特点与去除方法
虫胶污渍	污渍的形成、特点：虫胶又叫漆片或力士漆片，呈黄棕色薄而脆的片状，能够溶于乙醇及甲醇，大多用于讲究的家具、乐器等表面涂饰。虫胶沾染到服装上很快就会干燥，形成干燥的硬性污渍。沾染量比较多的时候不可揉搓，防止面料发生损伤。 去除方法：去除这种污渍时先使用甘油滴在表面使其浸润，然后从背面使用乙醇或甲醇进行溶解，操作情况类似处理油漆的方法。注意，要更换垫在下面的吸附材料。最后胶质彻底溶解后，要使用1∶1双氧水点浸法去除残余的色素
打底漆污渍	污渍的形成、特点：打底漆又叫底漆，打底漆种类繁多，不同的漆种有不同的打底漆。与其他油漆相比其所含固体物质最多。因此打底漆污渍中除了含有树脂一类的基质以外，还含有相当多的细微颗粒粉末，难于彻底去除。 去除方法：处理打底漆污渍的过程或操作都与去除油漆污渍一样，需要反复溶解、吸附，最后还要使用摩擦法去除细微粉末
黄丹漆污渍	污渍的形成、特点：黄丹漆又叫防锈漆，大多直接涂饰在金属物体表面。它与金属物体表面牢固结合形成防锈层。黄丹漆含有一些金属盐类以及一般油漆的成分。 去除方法：去除这类污渍的方法与去除油漆的方法大体差不多。需要注意的是，黄丹漆有很好的渗透能力，去渍时要有耐心。最后的金属盐必要时可以使用去除铁锈的去锈剂处理
家具蜡污渍	污渍的形成、特点：家具蜡一般有两种形态：一种为传统的盒装固态蜡，其成分中除了蜡质物质以外还有一些使其便于使用的溶剂；另一种是制成液态的乳液蜡。它们都用于家具、乐器、地板等的日常保养维护。使用中，固态蜡大多数不会造成服装的沾染；而液态蜡则容易在不当心时沾染到服装上，形成蜡质污渍。 去除方法：四氯化碳是蜡的很好溶剂，可以去除这类污渍。 具体操作：在去渍台上处理，或在沾染部位底下垫好吸附材料；然后从服装背面滴加四氯化碳逐渐溶解蜡质物质，直至彻底清除干净。大多数家具蜡不会留下颜色。最后再用清水清洗去渍部位即可
金粉漆污渍	污渍的形成、特点：金粉漆实际是将金粉兑入清漆配制而成的，而金粉其实是以铜粉为主的配制粉。可把金粉漆看做油漆的一种，只不过其发色粉为金粉而已。 去除方法：去除这类污渍仍然可以按照去除油漆污渍的方法进行，但最后需要使用去锈剂清除金粉，让金粉和去锈剂发生化学反应，变成水溶性物质脱落。具体操作可以参照本节中去除油漆污渍和去除清漆污渍的方法
银粉漆污渍	污渍的形成、特点：银粉漆与金粉漆极其相似，差别在于银粉漆内含的是银粉，而银粉的发色成分是以铝粉为主的配制粉。 去除方法：可以参照银粉漆的特性对银粉漆污渍进行处理。 注意：银粉受到反复摩擦会变黑，增加了去渍的难度。去渍时不要使用刮板，也尽量不去刷拭或揉搓

第八节　其他类污渍及其去除实例

其他类污渍有：水迹；烟熏污渍；烟油污渍；昆虫污渍；熨烫黄和熨烫焦的痕迹；呢绒极光；烟囱水污渍；铁锈污渍；铜锈污渍；青草污渍；下雨天泥点污渍；领口污渍；霉斑；浅色服装底边黑滞；等等。这些污渍的去除方法，见表8-8。

表 8-8 其他类污渍及其去除

实例	污渍的形成、特点与去除方法
水迹	污渍的形成、特点：水迹是最为常见的污渍，俗称涸迹、圈迹、水印等。水迹看起来不严重，但去除起来却并非易事。这是因为水迹的外在表现相似，而实际产生原因各不相同。各种水迹的特点和处理方法如下： ① 漂洗不彻底造成的水迹。大多数发生在水洗棉衣、羽绒服一类服装上。深色服装的水迹为灰白色，浅色服装则为灰黄色。这类服装的面料虽然非常轻薄，但是却很细密。经过洗涤之后，含有洗涤剂的污水不容易从服装里面漂洗彻底。服装干就在面料表面出现水迹。去除的办法有三种： a.使用经过温水润湿的干净毛巾擦拭水迹部分，适用于水迹最轻的情况。 b.配制含有 1.5%～3%冰醋酸的温水，使用喷壶喷涂在水迹处，适用于水迹较轻的情况。 c.较重的水迹必须重新使用温水把服装漂洗数次，最后一次漂洗还要加入 20～30mL 冰醋酸，彻底脱水，晾干。 避免这类水迹发生的办法就是加强漂洗的力度。每次漂洗都要进行脱水，漂洗时最好使用温水，效果会好一些。最后一次漂洗一定要加入冰醋酸，可以有效防止出现水迹。 ② 去渍造成的水迹。去渍后没有把残余的去渍剂或污渍彻底清除，尤其是干洗后的去渍比较容易出现这种情况。建议干洗服装最好在干洗前先去渍，就可避免这类水迹的产生。还有一种情况是水洗后去渍，如果使用了较多的去渍剂或使用的去渍剂种类较多，需要对该服装重新水洗，才能有效防止水迹的产生。 ③ 假性水迹。一些较为厚重的服装，尤其是带有涂层的面料，往往干洗之后会在服装面料缝合处如袋口、领子、底边等处出现颜色较深的水迹。由于并非水洗后造成的，仅仅是类似水迹，故称为假性水迹。这是由于制作服装所用的胶黏剂在四氯乙烯中溶解后反应产生的。 去除方法：可以使用无水酒精（或 99%以上的工业酒精）涂刷，晾干后即可；严重的还可以使用无水酒精涂刷后立即放入干洗机重新干洗，亦可使其去除。 ④ 丝绸水迹。丝绸制作的夏季服装如衬衫、裙子、连衣裙、裤子等，洗涤后在干燥过程中不小心沾了水滴、水珠，形成水迹。一些丝绸服装在熨烫前滴上水珠也会出现水迹，这是因为这些服装使用了柞蚕丝。柞蚕丝面料在水浸润时产生不同的光线反射，形成水迹。这种特性也是辨别桑蚕丝和柞蚕丝的一种方法。去除这种水迹非常简单，只要把服装重新用水洗涤，晾干即可。 注意：柞蚕丝的面料只适于干燥熨烫，熨烫前不能沾上任何水珠，否则就会出现水迹
烟熏污渍	污渍的形成、特点：服装被烟气或一些运输车辆排出的尾气熏了以后，被熏的部位就会发黄。纯棉或真丝服装长时间暴露也会产生类似熏黄的氧化黄污渍。一般氧化污渍可以使用双氧水漂除，使用的双氧水含量在 2%～3%，温度应在 70～80℃；而烟熏污渍的淡淡黄色如果使用氧化剂或者还原剂处理往往不会见效。这是由于熏黄的颜色不是一般性的染料类色素或天然色素，多数含有金属离子。 去除方法：可以使用去除铁锈类的去渍剂处理，如威尔逊公司去锈剂 Rust Go、福奈特去锈剂（黄猫），有时会收到意外的效果。比较轻的这类污渍使用草酸溶液也能够去掉，但是一些发生火灾时产生的熏黄和一般熏黄有比较明显的差别，使用这种方法不一定有效
烟油污渍	污渍的形成、特点：烟油污渍是加热或燃烧油脂类产生的，大多数出现在厨房、机械设备或吸烟的烟斗、烟嘴等地方，沾染到服装上呈黄棕色或灰黄色，其成分包含了油脂、炭黑以及一些色素。 去除方法：去除这类污渍时可以先使用去油剂把油脂成分去掉，然后使用洗涤剂充分洗涤，最后使用 1∶1 双氧水点浸去除色素。也可以经过水洗之后直接使用西施棕色去渍剂去渍
昆虫污渍	污渍的形成、特点：昆虫污渍沾染到服装上面的机会不太多，一旦沾上非常讨厌。这种污渍有两种类型：一种是昆虫的分泌物或昆虫携带的一些污垢；另一种是扑打蚊虫后留在服装上面的痕迹。这种污渍的总量并不大，但是成分不简单，其中含有油脂、蛋白质、糖类、色素以及矿物质等。 去除方法：如果沾染的服装是内衣裤，可以在较高温度下采用碱性洗涤剂洗涤，大多数会洗涤干净。如果服装不适宜较高温度水洗，则需顺序使用西施紫色去渍剂、西施红色去渍剂、西施橙色去渍剂和西施黄色去渍剂去渍，最后还要将残余药剂充分洗净

续表

实例	污渍的形成、特点与去除方法
熨烫黄和熨烫焦的痕迹	当熨斗温度过高时服装面料上就会出现熨烫黄渍或熨烫焦。由于出现这种情况的面料不同，状态不同，处理方法也就不同。下面分具体情况进行分析和介绍处理方法： ① 棉、麻、黏胶纺织品的熨烫黄渍。棉、麻、黏胶纤维均属于纤维素纤维，在受热后的反应非常相似。它们受到过热后首先是发黄，这种情况是比较浅层次的熨烫黄渍，仅仅处在表面，程度轻的可以通过氧漂处理挽救，也可以使用双氧水或彩漂粉处理，还可以辅以阳光下暴晒（在服装颜色允许条件下）。但是较为严重的熨烫黄渍就无法恢复了。 ② 纯毛纺织品的熨烫黄渍。纯毛纺织品上的轻微熨烫黄渍，也是可以处理的，同样仅限于情况较轻的，可以有两种方案： a.把熨烫黄渍部位用水喷湿，在阳光下晒2～3h，然后使用硬毛刷子刷拭，就可以恢复。 b.使用极细的砂纸（300目以上）轻轻擦拭熨烫黄渍处，然后用水喷湿，晒干；再擦拭，再喷湿，再晒干。这样做也可以去掉熨烫黄渍。 同样，严重的熨烫黄渍就难以恢复了。 ③ 真丝纺织品的熨烫黄渍。真丝纺织品上出现的熨烫黄渍是比较难以恢复的。由于丝绸纺织品质地轻薄，一旦发生过热往往比较严重，因此成为不可修复的损伤。极浅层次的熨烫黄渍可以参照纯毛纺织品的方法进行处理。但是由于丝绸纺织品的染色牢度往往较差，尽管加倍小心处理成功率仍然较低。还有一种方法就是采用复染将丝绸服装改色，这是退而求其次的解决方案。 ④ 含有腈纶纤维的纺织品熨烫迹。当前，大量服装面料含有腈纶纤维，而腈纶纤维的耐热能力较低，远不如棉花、羊毛或蚕丝，因此含有腈纶纤维的服装在熨烫时必须以腈纶耐热能力为限。当熨斗温度超过腈纶承受限度时，首先出现的现象就是面料表面发白，但手感还能维持原来状态；温度继续升高就会产生熨烫焦，面料发硬。含有腈纶纤维的面料一旦过热，大多数无法修复。熨烫含有腈纶纤维的面料可使用的温度在130℃左右，不可大意。特别轻微的腈纶熨烫迹，可以使用300目以上细砂纸摩擦处理，有的可以得到适当恢复。 ⑤ 涤纶、锦纶纺织品的熨烫焦。涤纶、锦纶纺织品的过热熨烫会直接产生熨烫焦，而且面料发硬，这种情况基本是无法修复的，严重的过热会使面料完全熔化。极轻微的熨烫焦可以使用处理腈纶轻微过热的方法处理，使用砂纸修复，但是效果往往不能尽如人意
呢绒极光	污渍的形成、特点：纯毛服装也就是使用呢绒面料制作的服装。这类呢绒面料服装经过一段时间穿用后都容易产生呢绒极光，也就是某些部位反光发亮。其共同特点是：精纺呢绒比粗纺呢绒容易出现极光；颜色深的比颜色浅的容易出现极光。所以，深色精纺呢绒是最容易出现极光的面料。 出现呢绒极光的最主要原因是摩擦。面料的外露纤毛经过摩擦就会脱落，毛纤维鳞片层经过摩擦会变得平滑，这些都会使呢绒面料表面发生反光现象，形成极光。所以，在服装穿着时容易摩擦的部位就是极光产生的部位，如臀部、膝部、肘部、袋口、口袋盖等处，而汽车司机的背部也会是重点摩擦部位。出现呢绒极光的次要原因是熨烫方法不当，使用熨斗直接熨烫深色精纺呢绒时就会产生呢绒极光，尤其熨烫技法不佳，熨斗反复在服装上摩擦，很容易产生呢绒极光。避免产生呢绒极光的方法是减少摩擦，而熨烫的时候也应该避免熨斗有较多的反复运动，对深色精纺呢绒面料服装则应该使用垫布进行熨烫。 去除方法：已经产生了呢绒极光的服装，如果情况不太严重可以在洗涤后使用含有2%～3%冰醋酸的清水喷涂一下，情况就可以好转；而较为严重的呢绒极光则几乎无法恢复。由于熨烫不当产生的呢绒极光，也可以使用上述方法恢复。 出现呢绒极光是种非常普遍而又很难避免的现象，最好的方法是熨烫深色精纺呢绒坚持使用垫布。
烟囱水污渍	污渍的形成、特点：冬天使用煤炉取暖时，要安装烟囱，燃煤过程中会有冷凝水滴出。由于烟囱水大多数是酸性的，因此烟囱就会生锈。烟囱水滴在服装上面会生成棕黄色的锈迹，很多人在不经意中都有过被滴上烟囱水的经历。 去除方法：知道了烟囱水生成的原因，就可以选择合适的去渍方法解决。烟囱水污渍含有铁锈成分，因此可以使用去除铁锈的去渍剂处理。去锈的过程比较快捷，只要去渍剂使用得当，锈渍就会立即变成可以溶解于水的络合物。经过清水清洗，去渍过程也就完成了。 需要说明的是，一些毛纺织品面料和皮革制品使用的染料属于金属络合染料，有可能被去锈剂破坏，从而发生脱色现象。另外，还有一些深灰色或灰蓝色的黏胶纤维纺织品（如美丽绸、羽纱等），由于使用了金属盐染料也会受到去锈剂的损伤

实例	污渍的形成、特点与去除方法
铁锈污渍	污渍的形成、特点：铁锈是在服装上面经常出现的污渍，在水洗服装时不小心也会莫名其妙地沾染上铁锈。 去除方法：简单的、刚刚出现的铁锈污渍比较容易去除，可以使用5%草酸溶液去除，也可以把服装浸在温水中使用草酸颗粒涂抹于铁锈污渍处去除。如果铁锈污渍比较陈旧或经过草酸处理仍然不能彻底去除时，就必须使用去锈剂处理，如福奈特去锈剂（黄猫）、威尔逊公司去锈剂Rust Go。由于去锈剂属于酸性去渍剂，所以使用后一定要彻底清除残余的去锈剂。 含有金属离子的染料不能使用去锈剂，否则会使面料颜色脱色
铜锈污渍	污渍的形成、特点：去除铜锈污渍的情况和去除铁锈污渍的情况是一样的。在服装上沾染铜锈的机会并不很多，然而一旦服装上有了铜锈往往让人觉得难以去除干净。 去除方法：铜锈属于金属离子类型的污渍，只能用化学反应将含有铜锈的金属化合物分解，使其变成能够溶解在水中的络合物脱离服装面料。威尔逊公司去锈剂Rust Go或福奈特去锈剂（黄猫）等都可以去除铜锈，去除以后一定要将残余的去渍剂彻底清除
青草污渍	污渍的形成、特点：在旅游时青草的汁水很容易沾染到服装上，尤其是裙边或裤腿处。青草污渍刚刚沾染的时候基本上是黄绿色，时间稍微久一些就会变成黄棕色，个别植物汁水还可能逐渐变成深棕色。青草、树叶以及各种植物汁水的颜色都是天然色素，其中一些植物汁水中含有鞣酸类成分，经过空气中氧气的作用会与服装结合得更加牢固，颜色也会越来越深。 去除方法：沾染了这类污渍最好尽快用水洗涤；比较轻的污渍经过碱性洗涤剂的洗涤就能去除干净，较为严重的污渍可以使用氧漂剂、彩漂剂或双氧水一类的氧化剂去除。 处理青草污渍时要求温度应在70～80℃，手工拎洗或机洗都可以；也可以使用西施黄色去渍剂、西施橙色去渍剂去除。 比较新鲜的青草污渍还可以使用柠檬酸处理，将柠檬酸溶解成5%左右的溶液，涂抹在青草污渍处，就能去除。 较为严重的污渍可以使用1%～3%柠檬酸溶液浸泡，水温控制在40℃以下，浸泡时间为30～60min。浸泡过程中应该进行必要的翻动
下雨天泥点污渍	污渍的形成、特点：人们在雨天外出的时候，裤子的下部往往会溅上一些泥点。泥渍对于深色服装一般不会很明显，对于浅色服装就会成为重点污渍，需要仔细进行去渍。泥点污渍是典型的颜料型污渍，它由细微的固体颗粒组成。这类污渍颗粒越大就越容易去除，反之就比较难。所以，溅上的泥点经过洗涤之后大多数颜色会变得浅了许多，也就是颗粒较大的已经洗涤去掉了，而剩下的就是颗粒较小的部分了，其中主要有两类成分：一种是飘尘，另一种是研磨下来的金属粉末。它们的直径大多小于5μm，就如同颜料的粉末那么细腻，甚至可以进入纤维内部，所以很难简单地去除。 去除方法：如果溅上泥点的服装是白色全棉或棉与化纤混纺面料的，可以使用肥皂涂抹，然后使用刮板细心刮除。带有颜色的服装不宜使用刮板，可以涂上洗涤剂在反面使用击打去渍刷敲击去除，而这个过程比较缓慢，需要有耐心。然而，令人欣慰的是这种泥点污渍会在今后的多次洗涤过程中逐渐消退
领口污渍	污渍的形成、特点：领口、袖口是衬衫类服装的重点污渍部位，而这类污渍难于彻底洗净，是洗涤工作的重点。领口、袖口的污渍最主要的成分是人体皮脂、汗水和空气飘尘，所以这种污渍都呈现黑色或黄色。一般性的这类污渍在洗涤前涂抹领洁净（衣领净）洗涤就可以去除。使用领洁净的关键操作过程：由于领洁净的主要成分是碱性蛋白酶，价格较高，蛋白酶在领洁净中的含量有限，所以适宜直接涂抹在干燥的服装上。蛋白酶需要干燥，涂抹后需要放置片刻再进行洗涤。使用领洁净的温度稍高一些好，夏季比冬季效果好 去除方法：领洁净对去除不太陈旧的领口、袖口污渍效果相当不错，但是对去除陈旧性汗黄渍则力不从心。去除陈旧性汗黄渍可以采用食盐加氨水的方法。 具体操作：在洗净的衬衫领子表面涂上一层薄薄的食盐使污渍逐渐溶解；再涂抹经过1∶3清水稀释的氨水，停留片刻；最后充分清洗即可。这种方法适宜用在纯棉或棉混纺服装上，纯毛或真丝服装不宜使用

续表

实例	污渍的形成、特点与去除方法
霉斑	污渍的形成、特点：无论何种服装都会吸收一定水分，并且水分达到在服装上的动态平衡。当服装上的水分较多且持续一定时间，再加上环境温度适宜，就会产生霉斑。相对而言，沾有污渍的服装比干净的服装更容易发霉，天然纤维则比合成纤维更容易发霉。在我国天气湿热的南方，服装发霉的情况是经常出现的。 　　去除方法：防止产生霉斑的最有效方法是彻底干燥。 　　浅色服装或家具、卧具一类纺织品发霉，最好使用碱性洗涤剂加热水洗涤，这种方法能够将大多数发霉服装洗涤干净。白色床单、被里或严重发霉的服装则需进行去渍处理，可以使用肥皂、酒精和氨水制成混合液，搓洗霉斑处。 　　外衣产生霉斑也可以使用肥皂、酒精和氨水的混合液进行去渍处理
浅色服装底边黑滞	污渍的形成、特点：浅色服装在穿着过程中要比深色服装容易受到污染，而浅色服装的里衬底边、袖口内侧等处更极易沾染污渍。由于沾染过程是由长时间的反复摩擦所致，从而形成比较顽固的黑滞。 　　去除方法：如果服装可以水洗，这类污渍容易去除。对于只能干洗的服装而言，这类黑滞就成了难点。处理这类污渍可有两种方法： 　①在干洗前使用去渍刷沾上干洗助剂（皂液、枧油）刷拭黑滞，然后干洗。 　②将福奈特黑滞去渍剂（黑猫）滴在黑滞处，再使用去渍刷刷拭，然后进行干洗

参考文献

[1]　王文博. 服装洗熨设备与技术[M]. 北京：机械工业出版社，2007.

[2]　吴京淼. 服装洗涤与去渍技术[M]. 北京：中国物资出版社，2007.

[3]　赵振河. 干洗技术[M]. 北京：化学工业出版社，2003.

[4]　金立平. 纺织服装干洗技术与设备使用实务[M]. 长春：吉林科学技术出版社，2002.

[5]　王河生. 洗衣店经营与洗染技术[M]. 北京：企业管理出版社，2001.

[6]　冯翼. 服装技术手册[M]. 上海：上海科学文献技术出版社，2005.

[7]　李德琮. 现代服装洗熨染补技巧[M]. 沈阳：东北大学出版社，1996.

[8]　张仁里，廖文胜. 洗衣厂洗涤及洗涤剂配置[M]. 北京：化学工业出版社，2003.

[9]　张一鸣. 中高档衣物的洗涤与保养[M]. 上海：上海科学技术出版社，1991.

[10]　魏竹波，康保安. 纺织工业清洗技术[M]. 北京：化学工业出版社，2003.

[11]　梁治齐. 实用清洗技术手册[M]. 北京：化学工业出版社，2000.

[12]　梁治齐，张宝旭. 清洗技术[M]. 北京：中国轻工业技术出版社，1998.

[13]　陈继红，肖军. 服装面铺料及服饰[M]. 上海：东华大学出版社，2003.

[14]　张以珠，袁观洛，王利君. 新编服装材料学[M]. 上海：东华大学出版社，2004.

[15]　朱松文. 服装材料学[M]. 北京：中国纺织出版社，1994.

[16]　宋哲. 服装机械[M]. 3版. 北京：中国纺织出版社，2000.

[17]　缪元吉，方芸. 服装设备与生产[M]. 上海：东华大学出版社，2002.

[18]　中国缝制机械协会. 中国缝制机械大全[M]. 徐州：中国矿业大学出版社，2003.